爱游戏，就爱数学王

小牛顿

Mathematics Little Newton Encyclopedia

数学王

分数的计算，概数，约数

牛顿出版股份有限公司◎编

四川少年儿童出版社

图书在版编目（CIP）数据

分数的计算，概数，约数 / 牛顿出版股份有限公司编. -- 成都 : 四川少年儿童出版社，2018.1

（小牛顿数学王）

ISBN 978-7-5365-8740-3

Ⅰ. ①分… Ⅱ. ①牛… Ⅲ. ①数学—少年读物 Ⅳ. ①O1-49

中国版本图书馆CIP数据核字(2017)第326132号

四川省版权局著作权合同登记号：图进字21-2018-07

出 版 人：常　青
项目统筹：高海潮
责任编辑：王晗笑　赖昕明
封面设计：汪丽华
美术编辑：刘婉婷　徐小如
责任印制：袁学团

XIAONIUDUN SHUXUEWANG · FENSHUDEJISUAN GAISHU YUESHU

书　　名：小牛顿数学王·分数的计算，概数，约数
出　　版：四川少年儿童出版社
地　　址：成都市槐树街2号
网　　址：http://www.sccph.com.cn
网　　店：http://scsnetcbs.tmall.com
经　　销：新华书店
印　　刷：艺堂印刷（天津）有限公司
成品尺寸：275mm×210mm
开　　本：16
印　　张：3.5
字　　数：70千
版　　次：2018年4月第1版
印　　次：2018年4月第1次印刷
书　　号：ISBN 978-7-5365-8740-3
定　　价：19.80元

台湾牛顿出版股份有限公司授权出版

目录

1 分数的表示方法和意义（1）

多少个 $\frac{1}{4}$ 的大小

大成家有 4 个人，共同平分 1 升的牛奶。

3 人份，就是有 3 个 $\frac{1}{4}$ 升，写成 $\frac{3}{4}$ 升。

读作"四分之三升"。

把 1 升等分成 4 份，因此每 1 人份是 $\frac{1}{4}$ 升。

2 人份，就是有 2 个 $\frac{1}{4}$ 升，写成 $\frac{2}{4}$ 升。

读作"四分之二升"。

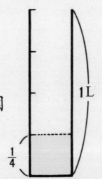

4 人份，就是有 4 个 $\frac{1}{4}$ 升。

4 个 $\frac{1}{4}$ 升，写成 $\frac{4}{4}$ 升，读作"四分之四升"。

$\frac{4}{4}$ 升就等于 1 升。

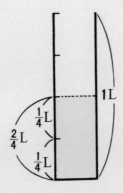

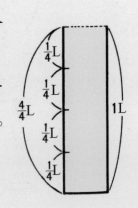

$\frac{1}{4}$ 升、$\frac{2}{4}$ 升、$\frac{3}{4}$ 升、$\frac{4}{4}$ 升（1 升），也可以利用数线来表示。如果把分数在数线上表示出来，就可以很清楚地了解它们的大小了。

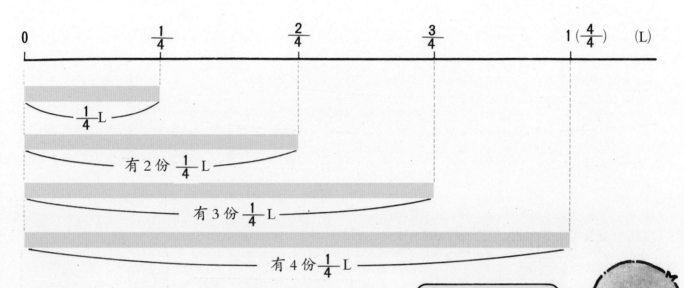

其他的分数也可以在数线上表示出来。例如 $\frac{1}{5}$ 有 2 份、3 份……也可以用下图来表示。

我已经弄清楚分数的大小了。

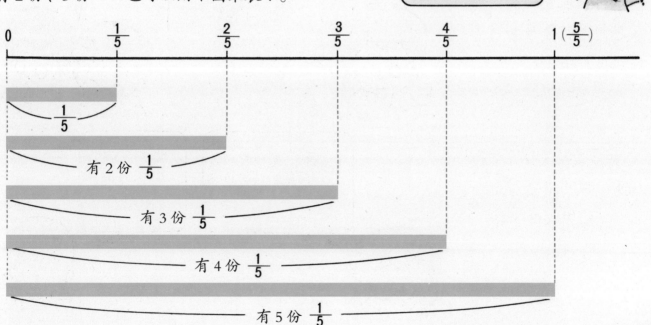

◆ **以其他的分数来研究看看**

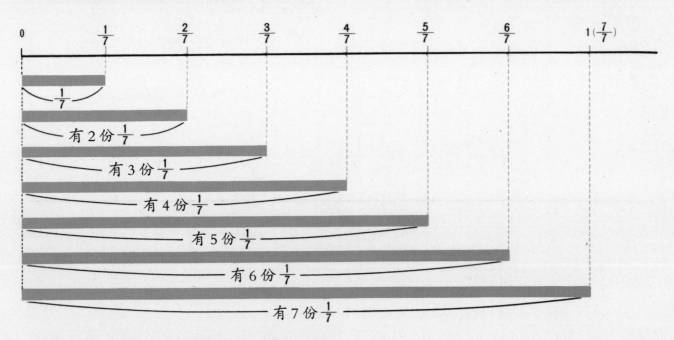

分母和分子的意义

分数是一种用分母和分子来表示的数，那么想想看，分母和分子分别代表什么呢？

这里有1千克的砂糖，想把其中 $\frac{3}{5}$ 千克装进另一个容器中保存。

应该要如何分出来呢？

◆如果要从1千克的砂糖中，取出 $\frac{3}{5}$ 千克的砂糖，应该怎么做才好？

首先，我们可以把1千克等分成5份。

你知道为什么要这么做吗？

看见分数的分母，就可以知道它把"1"等分成几份。$\frac{3}{5}$ 千克的分母5，就是表示1千克等分成5份。

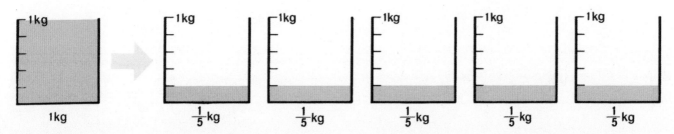

◆我们已经把1千克等分成5份，每一份是 $\frac{1}{5}$ 千克，那么 $\frac{3}{5}$ 千克应该怎么来表示呢？

$\frac{3}{5}$ 千克的分子3，就表示集合了3个 $\frac{1}{5}$ 千克。

如果集合了3个 $\frac{1}{5}$ 千克，就变成了 $\frac{3}{5}$ 千克。

为什么？

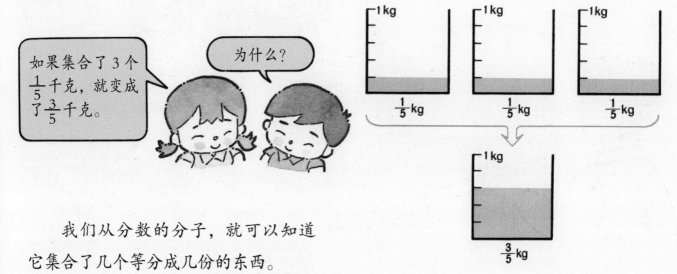

我们从分数的分子，就可以知道它集合了几个等分成几份的东西。

整 理

(1) 3个 $\frac{1}{4}$ 写成 $\frac{3}{4}$，读作"四分之三"。

(2) 分数的分母，是代表把"1"等分成多少份。分子则是表示它集合了几个被等分的数。

$\frac{5}{5}$ 米是5个 $\frac{1}{5}$ 米的长度，也就是1米。

(3) 分数可以在数线上表示出来。

2 分数的表示方法和意义（2）

除法和分数

大明、国强和小惠 3 个人，为了要做自然实验，想把 2 升的食盐水分成 3 等份。把 2 升分成 3 等份以后，每 1 等份是几升呢？

会变成几升？

如果把这 2 升的食盐水分成 3 等份，每 1 份是几升？

● 把 2 升分成 3 等份

为了把 2 升等分成 3 份，因此列成算式就是 2÷3。

我把 0.666 后面的数舍去，变成 0.6。所以每 0.6 升分成 1 份就对了。

小惠

现在我们来看看 2 人计算出的答案。

大明和小惠算出的答案，都是在 0.7 升和 0.6 升之间，而没有精确的答案。

难道我们不能精确地表示出"把 2 升分成 3 等份"到底是几升吗？

$2÷3 = 0.666$，因此答案若四舍五入就是 0.7，每 0.7 升分开来就可以啦！

大明

● 用分数来表示整数的除法

把 2 升分成 3 等份，画成图形如右。

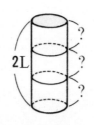

现在我们再把它恢复原状，用数线来表示。

学习重点

① 整数除法的商和分数。
② 真分数、假分数、带分数的意义。
③ 利用带分数和整数来表示假分数。
④ 用假分数来代表带分数。

已经分成 3 等分了，但每一份有几升呢？

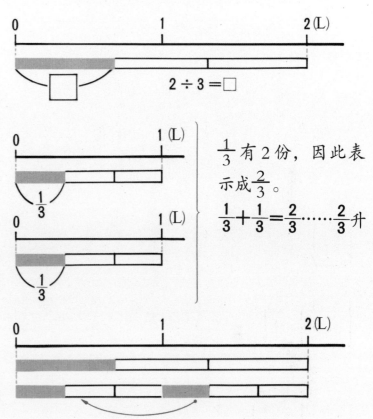

$2 \div 3 = \square$

$\frac{1}{3}$ 有 2 份，因此表示成 $\frac{2}{3}$。

$\frac{1}{3} + \frac{1}{3} = \frac{2}{3}$ ······ $\frac{2}{3}$ 升

我把每 1 升分成 3 等份了。

◆ 把 2 人的想法综合后表示出来。

2 个人答案都是 $\frac{2}{3}$ 升。

把 1 升分成 3 等份，每 1 份是 $\frac{1}{3}$ 升。2 升是 1 升的 2 倍，因此若把 2 升分成 3 等份，就等于是 2 个 $\frac{1}{3}$ 升，也就是 $\frac{2}{3}$ 升。

因此，2 升分成 3 等份，每 1 份就是 $\frac{2}{3}$ 升。

换句话说，就变成了 $2 \div 3 = \frac{2}{3}$

像这样，整数除法的商，可以利用分子所表示的被除数以及分母所表示的除数合成分数后来表示。

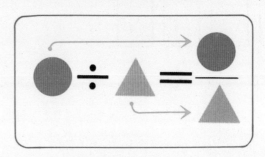

分数的种类

小惠他们想检查看看，教室里的花瓶中有几升的水？

如果利用容量为 $\frac{1}{3}$ 升的小容器往花瓶中倒水，刚好可以倒入 4 杯。那么花瓶的容量是多少升？

● 真分数、假分数

◆ 首先，利用 $\frac{1}{3}$ 升容量的小容器，一杯一杯地倒进去，请算算看花瓶可装入的水量。

$\boxed{\frac{1}{3}L}$ 用小容器倒进 1 杯，就是 $\frac{1}{3}$ 升。

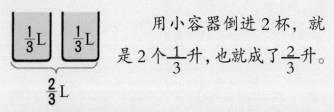

用小容器倒进 2 杯，就是 2 个 $\frac{1}{3}$ 升，也就成了 $\frac{2}{3}$ 升。

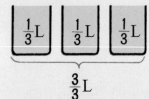

用小容器倒进 3 杯以后，就是 3 个 $\frac{1}{3}$ 升，也就成了 $\frac{3}{3}$ 升。

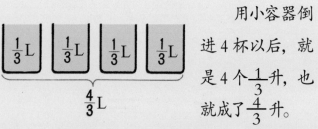

用小容器倒进 4 杯以后，就是 4 个 $\frac{1}{3}$ 升，也就成了 $\frac{4}{3}$ 升。

只要倒入 4 杯小容器的水，花瓶就满了，因此花瓶的容量为 $\frac{4}{3}$ 升。

列成算式来表示，就变成

$$\frac{1}{3}升 + \frac{1}{3}升 + \frac{1}{3}升 + \frac{1}{3}升 = \frac{4}{3}升$$

◆ 用数线来表示 $\frac{1}{3}$、$\frac{2}{3}$、$\frac{3}{3}$、$\frac{4}{3}$

从这条数线中，我们可以得知 $\frac{1}{3}$、$\frac{2}{3}$ 都是比 1 小的分数。

另外，3 个 $\frac{1}{3}$ 是 $\frac{3}{3}$，而 $\frac{3}{3}$ 和 1 大小相等。$\frac{4}{3}$ 是 4 个 $\frac{1}{3}$，因此是个比 1 大的分数。

＊ 这里所出现的 $\frac{1}{3}$ 和 $\frac{2}{3}$，都是分子比分母小的分数，称为真分数。真分数就是指比 1 小的分数。

而 $\frac{3}{3}$ 和 $\frac{4}{3}$ 是分子和分母相同，或分子比分母大的分数，称为假分数。假分数是指和 1 相等或比 1 大的分数。

● 带分数

4 个 $\frac{1}{3}$ 升，可以用 $\frac{4}{3}$ 升这种假分数来表示，但是，$\frac{4}{3}$ 升难道不能用其他方式来表示吗？

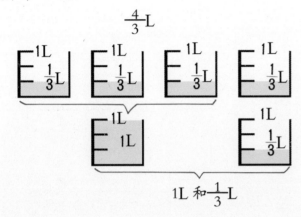

$$\frac{4}{3}L$$

1L 和 $\frac{1}{3}$L

如左下图中，$\frac{4}{3}$ 升是 $\frac{3}{3}$ 升再加上 $\frac{1}{3}$ 升。$\frac{3}{3}$ 升等于 1 升，因此 $\frac{4}{3}$ 升可以说成 1 又 $\frac{1}{3}$ 升。

也就是 $\frac{4}{3}$ 升 $=\frac{3}{3}$ 升 $+\frac{1}{3}$ 升

$=1$ 升 $+\frac{1}{3}$ 升。

像这样，把 1 升和 $\frac{1}{3}$ 升加起来的容量，写成 $1\frac{1}{3}$ 升，读作"一又三分之一升"。

＊ 如 $1\frac{1}{3}$ 和 $1\frac{2}{3}$ 之类整数与真分数的和所形成的分数，称为带分数。

● 把假分数化为带分数，带分数化为假分数

◆ 把 $\frac{9}{4}$ 化为带分数

0 $\frac{1}{4}$ $\frac{2}{4}$ $\frac{3}{4}$ $\frac{4}{4}$ (1) $\frac{5}{4}$ $\frac{6}{4}$ $\frac{7}{4}$ $\frac{8}{4}$ (2) $\frac{9}{4}$

$\frac{9}{4}$ 等于 9 个 $\frac{1}{4}$。4 个 $\frac{1}{4}$ 等于 1，因此 $9\div4=2$ 余 1，$\frac{9}{4}$ 为 2 个 1 再加上 $\frac{1}{4}$。所以 $\frac{9}{4}=2\frac{1}{4}$。

◆ 把 $1\frac{2}{3}$ 化为假分数

0 $\frac{1}{3}$ $\frac{2}{3}$ $1(\frac{3}{3})$ $1\frac{1}{3}$ $1\frac{2}{3}$

$1\frac{2}{3}$ 可以分成 1 和 $\frac{2}{3}$。因为 1 等于 $\frac{3}{3}$，所以 $\frac{3}{3}$ 加上 $\frac{2}{3}$ 就变成 $\frac{5}{3}$。因此，$1\frac{2}{3}=\frac{5}{3}$。

整理

（1）（整数）$\div$（整数）的商，可以用分数来表示。

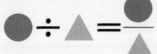

$$\bullet \div \blacktriangle = \frac{\bullet}{\blacktriangle}$$

（2）如 $\frac{1}{3}$ 或 $\frac{3}{4}$ 等分子比分母小的分数，称为真分数。

（3）如 $\frac{3}{3}$ 或 $\frac{4}{3}$ 等分子等于或大于分母的分数，称为假分数。

（4）如 $1\frac{1}{3}$ 或 $2\frac{2}{3}$ 等，是整数和真分数加起来的分数，称为带分数。

3 | 分数的加法和减法

整理

1 分数的加法

分数和分数相加时，如果分母相同，只需把分子和分子相加，分母则保持不变。

带分数和带分数相加时，整数部分和分数部分要分开计算。

相加后的答案若是假分数，通常把假分数改写成带分数。（有些书上依旧用假分数表示。）

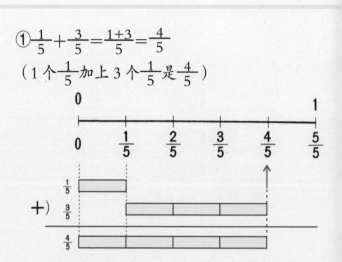

① $\frac{1}{5} + \frac{3}{5} = \frac{1+3}{5} = \frac{4}{5}$

（1个 $\frac{1}{5}$ 加上 3 个 $\frac{1}{5}$ 是 $\frac{4}{5}$ ）

试试看，会几题？

1 药剂师总共调制了几升的药？

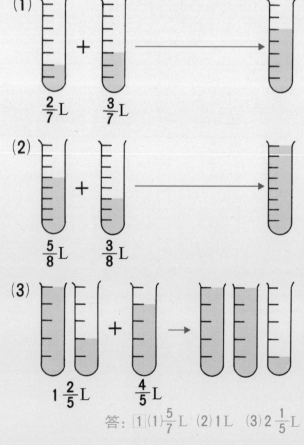

(1) $\frac{2}{7}$ L $+$ $\frac{3}{7}$ L $\rightarrow$

(2) $\frac{5}{8}$ L $+$ $\frac{3}{8}$ L $\rightarrow$

(3) $1\frac{2}{5}$ L $+$ $\frac{4}{5}$ L $\rightarrow$

答：⒈(1) $\frac{5}{7}$ L (2) 1 L (3) $2\frac{1}{5}$

② $1\frac{1}{5} + 2\frac{3}{5} = (1+2) + (\frac{1}{5} + \frac{3}{5})$

$= 3 + \frac{4}{5} = 3\frac{4}{5} = \frac{19}{5}$

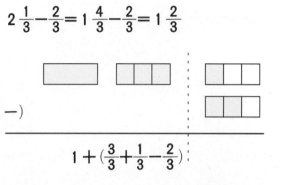

$(1+2)$ $+$ $(\frac{1}{5} + \frac{3}{5})$

$2\frac{1}{3} - \frac{2}{3} = 1\frac{4}{3} - \frac{2}{3} = 1\frac{2}{3}$

$1 + (\frac{3}{3} + \frac{1}{3} - \frac{2}{3})$

2 分数的减法

分数和分数相减时，如果分母相同，只需把分子相减，分母保持不变。

带分数和带分数相减时，整数和分数部分应分开计算。分数部分不能相减时，由整数取1再做计算。

由于 $\frac{1}{3}$ 小于 $\frac{2}{3}$，当计算 $\frac{1}{3} - \frac{2}{3}$ 时，可以从整数的2取1，可得出 $2\frac{1}{3} = 1\frac{4}{3}$，然后再进行计算。

---

2 把 $\frac{5}{6}$ 升的药和另外 $\frac{5}{6}$ 升的药相互混合，混合后的新药是几升？

3 现在有 $1\frac{3}{4}$ 升的药，若再制作 $1\frac{2}{4}$ 升，混合后共有多少升？

4 原有 $\frac{4}{5}$ 升的药，服食了 $\frac{1}{5}$ 升，还剩几升？

5 原有 $1\frac{7}{10}$ 升的药，用了 $\frac{3}{10}$ 升，还剩几升？

6 把 $\frac{5}{12}$ 升的药和 $\frac{3}{12}$ 升的药相互混合制成新药，如果用掉 $\frac{1}{12}$ 升，还剩几升？

7 共有 $1\frac{3}{4}$ 升的药，第一天用了 $\frac{2}{4}$ 升，第二天用了 $\frac{3}{4}$ 升，最后还剩几升？

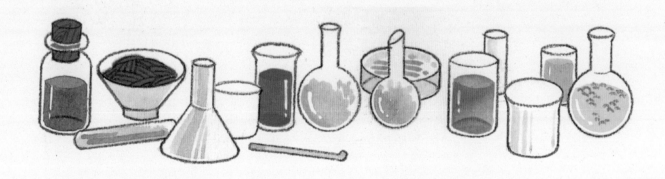

②$1\frac{4}{6}$L($1\frac{2}{3}$L) ③$3\frac{1}{4}$L ④$\frac{3}{5}$L ⑤$1\frac{4}{10}$L($1\frac{2}{5}$L) ⑥$\frac{7}{12}$L ⑦$\frac{2}{4}$L($\frac{1}{2}$L)

解题训练

■真分数的加减法

◀ 提示 ▶

$\frac{3}{5}$ 米和 $\frac{1}{5}$ 米相加后成为 ($\frac{3}{5}+\frac{1}{5}$) 米。

◀ 提示 ▶

$5=4\frac{5}{5}$

■带分数的加减法

◀ 提示 ▶

整数和分数分开计算。

1 缎带的全长是 5 米。姐姐用了 $\frac{3}{5}$ 米,妹妹用了 $\frac{1}{5}$ 米。

（1）两个人总共用了多少米?

（2）最后还剩下多少米?

● 解法

（1）2 人使用的缎带长度是 $\frac{3}{5}$ 米和 $\frac{1}{5}$ 米。

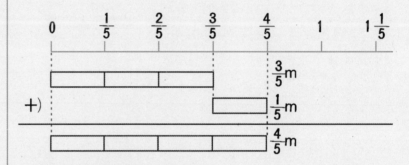

$$\frac{3}{5}+\frac{1}{5}=\frac{3+1}{5}=\frac{4}{5}$$

答：$\frac{4}{5}$ 米

(2) $5-\frac{4}{5}=4\frac{5}{5}-\frac{4}{5}=4\frac{1}{5}$

答：$4\frac{1}{5}$ 米

2 在 $1\frac{2}{5}$ 千克重的容器里盛装 $2\frac{4}{5}$ 千克重的糖,容器和糖的总重量是多少千克?

● 解法

$$1\frac{2}{5}+2\frac{4}{5}=(1+2)+(\frac{2}{5}+\frac{4}{5})$$
$$=3+\frac{6}{5}=3+1\frac{1}{5}=4\frac{1}{5}$$

答：$4\frac{1}{5}$ 千克

■带分数的减法练习

3 容器里有 $2\frac{6}{7}$ 升的水，倒出 $1\frac{1}{7}$ 升之后，还剩下多少升？

◀ 提示 ▶

整数和分数分开计算。

● 解法

$$2\frac{6}{7}-1\frac{1}{7}=(2-1)+(\frac{6}{7}-\frac{1}{7})=1+\frac{5}{7}=1\frac{5}{7}$$

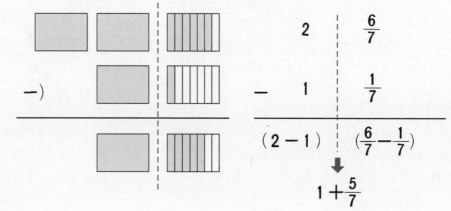

答：$1\frac{5}{7}$ 升

■带分数的减法练习

4 绳子的全长是 $3\frac{1}{4}$ 米，剪去 $1\frac{3}{4}$ 米来制作跳绳，还剩多少米？

◀ 提示 ▶

分数部分不能相减时，先从整数部分取1，使 $3\frac{1}{4}=2\frac{5}{4}$ 。

● 解法

$3\frac{1}{4}-1\frac{3}{4}=(3-1)+(\frac{1}{4}-\frac{3}{4})$，由于 $\frac{1}{4}$ 不能减 $\frac{3}{4}$，所以把 $3\frac{1}{4}$ 改写成 $2\frac{5}{4}$ 再做计算。

$$3\frac{1}{4}-1\frac{3}{4}=2\frac{5}{4}-1\frac{3}{4}=(2-1)+(\frac{5}{4}-\frac{3}{4})$$
$$=1+\frac{2}{4}=1\frac{2}{4}$$

答：$1\frac{2}{4}$ 米（$1\frac{1}{2}$ 米）

加强练习

1 请看下图并回答问题。

（1）从火车站到学校的路程是多少千米？

（2）从邮局到小明家的路程是多少千米？

（3）若把火车站到警察局的路程和邮局到小明家的路程互相比较，哪一段路程较长？长多少千米？

（4）从小明家到火车站共有2条不同的路线，一条经过学校，另一条行经警察局，2条路线相差多少千米？

解答和说明

1（1）火车站到学校的路程

$$1+1\frac{1}{3}=(1+1)+\frac{1}{3}=2+\frac{1}{3}=2\frac{1}{3}$$

答：$2\frac{1}{3}$ 千米

（2）邮局到小明家的路程

$$1\frac{1}{3}+1\frac{1}{3}=(1+1)+(\frac{1}{3}+\frac{1}{3})$$
$$=2+\frac{2}{3}=2\frac{2}{3}$$

答：$2\frac{2}{3}$ 千米

（3）火车站到警察局是 $2\frac{1}{3}$ 千米。邮局到小明家是 $2\frac{2}{3}$ 千米。

$$2\frac{2}{3}-2\frac{1}{3}=(2-2)+(\frac{2}{3}-\frac{1}{3})=0+\frac{1}{3}=\frac{1}{3}$$

答：从邮局到小明家的路程较长，长 $\frac{1}{3}$ 千米。

（4）小明家→学校→邮局→火车站

$$1\frac{1}{3}+1\frac{1}{3}+1=(1+1+1)+(\frac{1}{3}+\frac{1}{3})=3\frac{2}{3}$$

小明家→警察局→火车站

$$1\frac{2}{3}+2\frac{1}{3}=(1+2)+(\frac{2}{3}+\frac{1}{3})=3+\frac{3}{3}=4$$
$$4-3\frac{2}{3}=3\frac{3}{3}-3\frac{2}{3}=\frac{1}{3}$$

答：$\frac{1}{3}$ 千米

2 用假分数书写的话，$1\frac{3}{5}=\frac{8}{5}$，$4\frac{2}{5}=\frac{22}{5}$，$\frac{8}{5}<\frac{\square}{5}<\frac{22}{5}$，由上面的式子得知□比8大，比22小。

$$\frac{9}{5}、\frac{10}{5}、\frac{11}{5}、\frac{12}{5}\cdots\cdots\frac{21}{5}$$

（1）$\frac{9}{5}$ 是最小的假分数。

（2）只列出分子的话，就是9、10、11、12……20、21，所以，全部的个数是

$$21-（9-1）=13$$

2 $1\frac{3}{5} < \boxed{} < 4\frac{2}{5}$

在上面算式的□里填上分母是5的假分数。这个假分数必须比 $1\frac{3}{5}$ 大，比 $4\frac{2}{5}$ 小。

因为 $1=\frac{5}{5}$、$2=\frac{10}{5}$，所以整数也可以写成假分数。

现在回答下面的问题：

（1）在□里填上最小的假分数。

（2）□里可以填上几个假分数？

（3）□里的假分数若依照大小顺序排列，最中间的假分数是多少？

3 求出下面的路程。

（1）从甲地经乙地到丙地的全部路程。

（2）从甲地经丙地到乙地的全部路程。

（3）从甲地经乙地和丙地，再回到甲地的全部路程。

（4）丙地到甲地的路程，和丙地到乙地的路程相差多少千米？

（5）甲地经丙地到乙地的路程，和甲地经乙地到丙地的路程相差多少千米？

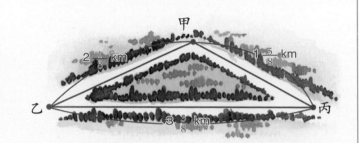

（3）最中间的是 $(13+1)÷2=7$，所以是第七个假分数 $8+7=15$，分子是15。

答：$(1)\frac{9}{5}$，$(2)13$ 个，$(3)\frac{15}{5}$

3 $(1) 2\frac{1}{8}+3\frac{3}{8}=(2+3)+(\frac{1}{8}+\frac{3}{8})$
$=5+\frac{4}{8}=5\frac{4}{8}$

答：$5\frac{4}{8}$千米（$5\frac{1}{2}$千米）

$(2) 1\frac{5}{8}+3\frac{3}{8}=(1+3)+(\frac{5}{8}+\frac{3}{8})$
$=4+\frac{8}{8}=4+1=5$

答：5千米

$(3) 2\frac{1}{8}+3\frac{3}{8}+1\frac{5}{8}=(2+3+1)+$
$(\frac{1}{8}+\frac{3}{8}+\frac{5}{8})=6+\frac{9}{8}=6+1\frac{1}{8}=7\frac{1}{8}$

答：$7\frac{1}{8}$千米

$(4) 3\frac{3}{8}-1\frac{5}{8}=2\frac{11}{8}-1\frac{5}{8}=(2-1)+$
$(\frac{11}{8}-\frac{5}{8})=1\frac{6}{8}$ 答：$1\frac{6}{8}$千米（$1\frac{3}{4}$千米）

（5）因为2条路程都包含了乙地到丙地的路程，所以只要求出甲乙间和甲丙间距离的差。

$2\frac{1}{8}-1\frac{5}{8}=\frac{4}{8}$，　答：$\frac{4}{8}$千米（$\frac{1}{2}$千米）

应用问题

1 有5千克糖，第一天用了 $1\frac{2}{3}$ 千克，第二天用了 $2\frac{1}{3}$ 千克，最后剩多少千克？

2 红色水有 $2\frac{2}{5}$ 升，蓝色水是 $1\frac{4}{5}$ 升。

（1）2种水混合后共有多少升？

（2）2种水相差多少升？

答：1 1千克　2（1）$4\frac{1}{5}$升，（2）$\frac{3}{5}$升。

4 分母不同的分数的加法和减法

真分数的加法、减法

◎（真分数）+（真分数）的计算

有一个装了 $\frac{1}{3}$ 千克砂糖的杯子，还有一个装了 $\frac{1}{2}$ 千克砂糖的杯子。如果把这两个杯子中的砂糖混合起来，总共有多少千克呢？

● 列成算式

这个问题就是计算 2 个杯子里的砂糖总重量，因此要用加法来计算。

列成算式就是 $\frac{1}{3}+\frac{1}{2}$（千克）

● $\frac{1}{3}+\frac{1}{2}$ 的计算方法

如 $\frac{1}{3}+\frac{1}{2}$ 这种真分数间的加法该怎么计算呢？

在这个计算中，分母 3 和 2 不同，因此不能和前面所学的、计算分母相同的分数加法时一样，分母保持不变，只把分子相加就能求出答案。

另外，如果把分数换算成小数来计算的话，结果变成 $\frac{1}{3}=0.3333$，化成小数又除不尽，因此这种方法也不行。

那么，应该如何计算呢？

◆ 用图表示 $\frac{1}{3}$、$\frac{1}{2}$

用图来表示 $\frac{1}{3}$ 如下。

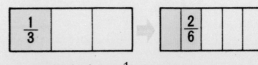

用图来表示 $\frac{1}{2}$ 如下。

图中的表示方法，既不会改变分数的大小，还可以表示分母不同的分数。

◆ **用数线来表示，并计算看看。**

分别用数线来表示 $\frac{1}{2}$ 和 $\frac{1}{3}$，并想想 $\frac{1}{3}+\frac{1}{2}$ 的计算方式。

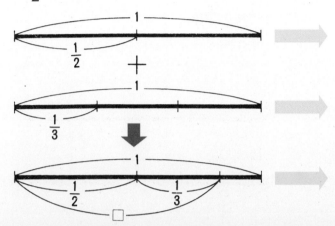

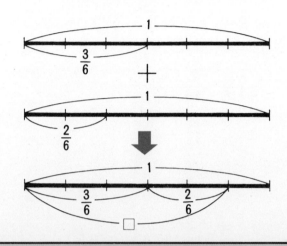

分母不同。换句话说，也就是单位不同，因此不能简单相加。

通分

如果将不同分母转化为同一分母，也就是单位统一，因此可以用加法来计算，这种转化叫作通分。

当分母不同的分数需要相加时，只要通分过后就可以计算了。

◆ **用算式来表示。**

把 $\frac{1}{3}+\frac{1}{2}$ 用算式表示，

$$\frac{1}{3}+\frac{1}{2}=\frac{2}{6}+\frac{3}{6}$$

通分

$$=\frac{5}{6}$$

结果答案是 $\frac{5}{6}$，也就是 $\frac{5}{6}$ 千克。

分母不同的分数加法，应先通分换算成相同的分母之后再计算。为了使分母相同，要找出分母的公倍数。

在计算 $\frac{1}{3}+\frac{1}{2}$ 时，分母 3 和 2 的公倍数是 6、12、18 等。

因此，我们如果把分母当作 12 来计算的话如何呢？若用算式来表示，就变成：

$$\frac{1}{3}+\frac{1}{2}=\frac{4}{12}+\frac{6}{12}$$

$$=\frac{10}{12}$$

约分

$$=\frac{5}{6}$$

在这个计算中，分母如换算成相同的 12，也一样可以进行计算。但是，如果和把分母当作 6 的算式相比较，就必须要约分了。

因此，进行通分时，通常都尽可能找出分母间的最小公倍数，来求出共通的分母。

◆试试看其他的分数是不是也可使用相同的计算方法。

①计算 $\frac{4}{15} + \frac{2}{5}$

分母15和5的最小公倍数是15，把15当成共通的分母来计算。

$$\frac{4}{15} + \frac{2}{5} = \frac{4}{15} + \frac{6}{15}$$
$$= \frac{10}{15} \rightarrow 约分$$
$$= \frac{2}{3}$$

②计算 $\frac{4}{9} + \frac{5}{6}$

分母9和6的最小公倍数是18，把18当成共通的分母来计算。

$$\frac{4}{9} + \frac{5}{6} = \frac{8}{18} + \frac{15}{18}$$
$$= \frac{23}{18} = 1\frac{5}{18} \leftarrow 假分数换算成带分数$$

※也可以直接以假分数为答案。

因此可以得知，其他的分数也可以用相同的方法来计算。

◎（真分数）－（真分数）的计算

有 $\frac{1}{3}$ 千克的砂糖，今天用掉了 $\frac{1}{4}$ 千克，还剩下多少千克呢？

●列成算式

在这个问题中，是要计算总重量用剩下的重量，因此也是用减法来计算。

列成算式就变成 $\frac{1}{3} - \frac{1}{4}$ 。

● $\frac{1}{3} - \frac{1}{4}$ 的计算方法

这一题中，分母也不相同，因此也可应用分母不同的分数加法的计算方法。

◆用数线表示。

如果用数线来表示 $\frac{1}{3}$ 的话，就是如下情形。

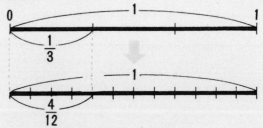

如果用数线来表示 $\frac{1}{4}$ 的话，就是如下的情形。

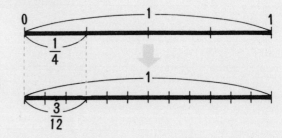

从图中可以知道，$\frac{1}{3}$ 可以换算成 $\frac{4}{12}$，$\frac{1}{4}$ 可以换算成 $\frac{3}{12}$，"12"是它们的共同分母。

◆用算式表示看看。

从数线中我们可以知道，它们共通的分母是12，因此通分之后分别变成 $\frac{4}{12}$ 和 $\frac{3}{12}$ 。

$$\frac{1}{3} - \frac{1}{4} = \frac{4}{12} - \frac{3}{12} = \frac{1}{12}$$

答：$\frac{1}{12}$ 千克。

这种分母不同的分数减法，也应先通分以后再进行计算。

带分数的加法和减法

◉ （带分数）+（带分数）的计算

小芳昨天念了 $2\frac{1}{4}$ 小时的书，今天又念了 $1\frac{1}{6}$ 小时的书，昨天和今天总共念了几个小时的书呢？

● 列成算式

这个问题是求昨天和今天念书时间的总时数，因此要用加法来计算。

列成算式就成了 $2\frac{1}{4}+1\frac{1}{6}$。

● $2\frac{1}{4}+1\frac{1}{6}$ 的计算方法

如 $2\frac{1}{4}+1\frac{1}{6}$，分母不同的带分数间的加法计算，应该怎么算呢？

这个算式也是分母不同，首先一定要先通分。

带分数通分的时候，整数部分保持原状，只要求出真分数部分分母共通的数就可以了。分母4和6的最小公倍数是12，因此通分之后，就变成 $2\frac{1}{4}=2\frac{3}{12}$，$1\frac{1}{6}=1\frac{2}{12}$。

通分完成以后，只要简单相加就可以了。

$$2\frac{1}{4}+1\frac{1}{6}=2\frac{3}{12}+1\frac{2}{12}$$
$$=(2+1)+\left(\frac{3}{12}+\frac{2}{12}\right)$$

$$=3+\frac{5}{12}$$
$$=3\frac{5}{12}$$

答：$3\frac{5}{12}$ 小时。

这个计算中，整数部分和分数部分的计算省略如下：

$$2\frac{1}{4}+1\frac{1}{6}=\boxed{2}\ \boxed{\frac{3}{12}}+\boxed{1}\ \boxed{\frac{2}{12}}$$
$$=\boxed{3}\ \boxed{\frac{5}{12}}$$

分母不同的带分数加法，通分过后，要把整数部分和分数部分分开来计算。

即使分母不同，在经过通分后，就可以用和以前相同的计算方法来计算了。

◆ 其他的分数，也可以用同样的方法来计算吗？

① 计算 $2\frac{3}{4} + 3\frac{2}{5}$

$$2\frac{3}{4} + 3\frac{2}{5} = 2\frac{15}{20} + 3\frac{8}{20}$$
$$= (2+3) + \left(\frac{15}{20} + \frac{8}{20}\right)$$
$$= 5 + \frac{23}{20}$$ 心算
$$= 5\frac{23}{20}$$ 换算成带分数
$$= 6\frac{3}{20}$$

② 计算 $1\frac{5}{6} + 2\frac{1}{18}$

$$1\frac{5}{6} + 2\frac{1}{18} = 1\frac{15}{18} + 2\frac{1}{18}$$
$$= (1+2) + \left(\frac{15}{18} + \frac{1}{18}\right)$$
$$= 3 + \frac{16}{18}\text{约分}{}^{8}_{9}$$ 心算
$$= 3\frac{8}{9}$$

③ 计算 $3\frac{5}{6} + 1\frac{1}{2}$

$$3\frac{5}{6} + 1\frac{1}{2} = 3\frac{5}{6} + 1\frac{3}{6}$$
$$= (3+1) + \left(\frac{5}{6} + \frac{3}{6}\right)$$
$$= 4 + \frac{8}{6}\text{约分}{}^{4}_{3}$$ 心算
$$= 4\frac{4}{3}$$ 换算成带分数
$$= 5\frac{1}{3}$$

因此，我们知道其他的分数，也可以用同样的方式来计算。

◉ （带分数）—（带分数）的计算

有一个可以装 $2\frac{3}{4}$ 升水的瓶子，和一个可以装 $1\frac{1}{3}$ 升水的瓶子，哪一个瓶子的容量比较多，多多少呢？

在这个问题中，我们要求的是两个瓶子容量的差，因此要以较多的一方，减掉少的一方。

列成算式就是 $2\frac{3}{4} - 1\frac{1}{3}$。

● $2\frac{3}{4} - 1\frac{1}{3}$ 的计算方法

这个减法计算题中，由于它们的分母不同，因此先要把分母通分，然后再计算。通分后，

$2\frac{3}{4} = 2\frac{9}{12}$，$1\frac{1}{3} = 1\frac{4}{12}$，因此，

$$2\frac{3}{4} - 1\frac{1}{3} = 2\frac{9}{12} - 1\frac{4}{12}$$
$$= (2-1) + \left(\frac{9}{12} - \frac{4}{12}\right)$$
$$= 1 + \frac{5}{12}$$
$$= 1\frac{5}{12}$$

结果答案是 $1\frac{5}{12}$，也就是容量 $2\frac{3}{4}$ 升的瓶子可以多装 $1\frac{5}{12}$ 升。

● $4\frac{1}{5}-2\frac{2}{3}$ 的计算方法

这个题目中，分数的分母也不同，因此必须先通分后再计算。

通分后变成 $4\frac{1}{5}=4\frac{3}{15}$，$2\frac{2}{3}=2\frac{10}{15}$。

通分后，只要再把整数部分和分数部分分开来计算就可以了。但是，在这个算式中，整数部分可以计算，但分数部分是 $\frac{3}{15}-\frac{10}{15}$，无法计算。

像这种被减数比减数小的情况，就必须像下面一样，把被减数换算后再进行计算。

$$4\frac{3}{15}=3+1+\frac{3}{15}$$

$$=3+\frac{15}{15}+\frac{3}{15}$$

$$=3+\frac{18}{15}$$

$$=3\frac{18}{15}$$

整数中，4 被分成 3 和 1（①）。然后 1 用分数表示成 $\frac{15}{15}$（②）再和 $\frac{3}{15}$ 相加，就变成 $\frac{18}{15}$（③）。

换句话说，就是把 $4\frac{3}{15}$ 换算成 $3\frac{18}{15}$ 来进行计算。也就是说，当分数部分的减数比被减数大时，就必须把整数中的 1 换算成分数了。

$$4\frac{1}{5}-2\frac{2}{3}=4\frac{3}{15}-2\frac{10}{15}$$

$$=3\frac{18}{15}-2\frac{10}{15}$$

$$=(3-2)+(\frac{18}{15}-\frac{10}{15})$$

$$=1+\frac{8}{15}$$

$$=1\frac{8}{15}\quad\text{心算}$$

答：$1\frac{18}{15}$。

另外，通分以后，可以试着用心算求出答案。这时，勤加练习是很重要的。

◆ 其他的分数，是不是也可以用相同的方法来计算呢？

① 计算 $4\frac{5}{8}-1\frac{5}{12}$

$$4\frac{5}{8}-1\frac{5}{12}=4\frac{15}{24}-1\frac{10}{24}$$

$$=(4-1)+(\frac{15}{24}-\frac{10}{24})$$

$$=3+\frac{5}{24}$$

$$=3\frac{5}{24}\quad\text{心算}$$

② 计算 $5\frac{3}{4}-1\frac{5}{6}$

$$5\frac{3}{4}-1\frac{5}{6}=5\frac{9}{12}-1\frac{10}{12}$$

$$=4\frac{21}{12}-1\frac{10}{12}$$

$$=(4-1)+(\frac{21}{12}-\frac{10}{12})$$

$$=3\frac{11}{12}\quad\text{心算}$$

由上可知，其他的分数也可以用相同的方法来计算。现在你是不是已经了解带分数之间的加减法了呢？

3个分数以上的加法和减法

3个分数以上的加法

有甲、乙、丙3个小包裹，甲重 $2\frac{2}{3}$ 千克，乙重 $1\frac{5}{6}$ 千克，丙重 $2\frac{4}{9}$ 千克。

这3个小包裹共有几千克重呢？

甲　　乙　　丙

在这个问题中，我们要计算的是甲、乙、丙3个小包裹的总重，因此要使用加法来计算。

列成算式：$2\frac{2}{3}+1\frac{5}{6}+2\frac{4}{9}$

$2\frac{2}{3}+1\frac{5}{6}+2\frac{4}{9}$ 的计算方法

我们来想象 $2\frac{2}{3}+1\frac{5}{6}+2\frac{4}{9}$ 这一类3个分数以上的加法计算。

可以看出，分母也是各不相同，因此，我们必须先把分母进行通分以后再计算。

把 $2\frac{2}{3}$、$1\frac{5}{6}$、$2\frac{4}{9}$ 进行通分。因为3、6、9的最小公倍数是18，所以就变成 $2\frac{12}{18}$、$1\frac{15}{18}$、$2\frac{8}{18}$。因此这个计算可以列为

$$2\frac{2}{3}+1\frac{5}{6}+2\frac{4}{9}$$
$$=2\frac{12}{18}+1\frac{15}{18}+2\frac{8}{18}$$
$$=(2+1+2)+\left(\frac{12}{18}+\frac{15}{18}+\frac{8}{18}\right)$$
$$=5\frac{35}{18}=6\frac{17}{18}$$

3个分数以上的加法，也要先通分后再把整数部分和分数部分分开来计算。

动脑时间

埃及的分数

距今三千多年以前，古埃及人所使用的分数，和我们现在使用的分数不一样，他们只使用分子是1的分数。我们所使用的分数中，当有2个物品平均分给3个人的时候，每个人可以取得2个 $\frac{1}{3}$，即 $\frac{2}{3}=\frac{1}{3}+\frac{1}{3}$。那么在古埃及，是怎么计算的呢？首先，把2个分成每 $\frac{1}{2}$ 为一份，分给3个人；剩

下的 $\frac{1}{2}$ 再分成3等分，分给3个人。结果每一人份是 $\frac{1}{2}$ 加上 $\frac{1}{2}$ 的 $\frac{1}{3}$，也就是 $\frac{1}{2}+\frac{1}{6}=\frac{2}{3}$。

那么 $\frac{3}{4}$ 和 $\frac{2}{5}$ 又该如何表示呢？利用分子全部为1的分数来表示。

结果 $\frac{3}{4}=\frac{2}{4}+\frac{1}{4}=\frac{1}{2}+\frac{1}{4}$　$\frac{2}{5}=\frac{1}{3}+\frac{1}{15}$

◉ 3个分数以上的减法

有 $5\frac{1}{4}$ 升的汽油，昨天用掉了 $2\frac{5}{6}$ 升，今天又用掉了 $\frac{1}{2}$ 升，最后还剩下几升呢？

在这个问题中，我们要计算出剩余汽油的总量，因此可以使用减法来计算。

列成算式就是 $5\frac{1}{4}-2\frac{5}{6}-\frac{1}{2}$。

● $5\frac{1}{4}-2\frac{5}{6}-\frac{1}{2}$ 的计算方法

这个计算所涉及的也是分母不同的分数，因此要先通分之后再计算。分母4、6、2的最小公倍数是12，通分后，变成 $5\frac{1}{4}=5\frac{3}{12}$、$2\frac{5}{6}=2\frac{10}{12}$、$\frac{1}{2}=\frac{6}{12}$。

我们可以用以下两种方法来计算。第一种方法是先把3个分数进行整理，而后再计算。

$$5\frac{1}{4}-2\frac{5}{6}-\frac{1}{2}=5\frac{3}{12}-2\frac{10}{12}-\frac{6}{12}$$
$$=3\frac{27}{12}-2\frac{10}{12}-\frac{6}{12}$$

$$=(\ 3-2\ )+(\ \frac{27}{12}-\frac{10}{12}-\frac{6}{12}\ )$$
$$=1\frac{11}{12}$$

第二种方法是两个两个合在一起。

$$5\frac{1}{4}-2\frac{5}{6}-\frac{1}{2}=5\frac{3}{12}-2\frac{10}{12}-\frac{6}{12}$$
$$=(\ 4\frac{15}{12}-2\frac{10}{12}\ )-\frac{6}{12}$$
$$=2\frac{5}{12}-\frac{6}{12}$$
$$=1\frac{17}{12}-\frac{6}{12}$$
$$=1\frac{11}{12}$$

答案是 $1\frac{11}{12}$ 升。在计算的过程中有一点需注意，即当减数的分数比被减数的分数大的时候，要把整数换成分数来计算。

其中，3个以上的分数相加、减时，改变计算的顺序来计算，说不定反而比较快。

$$1\frac{2}{3}-\frac{3}{4}+\frac{1}{3}=(\ 1\frac{2}{3}+\frac{1}{3}\ )-\frac{3}{4}$$
$$=2-\frac{3}{4}$$
$$=1\frac{1}{4}$$

整理

（1）分母不同的真分数加、减法，必须先通分以后再计算，通分的时候，通常都以分母间的最小公倍数当作共通的分母。

（2）分母不同的带分数加、减法，通分以后再把整数部分和分数部分分开来计算。

（3）3个分数以上的加、减法，也必须先通分以后再计算。

5 分数与小数的加法及减法

分数与小数的加法及减法

分数与小数的混合加法要如何计算呢？

就以下的问题想想看吧！

◆ 在小瓶中加入 0.5 升果汁，而在容量 1 升的大瓶内加入 $\frac{2}{5}$ 升的果汁。

小瓶内的果汁以小数来表示，大瓶内的果汁则以分数来表示。

将两瓶合起来，会是几升呢？

若想求出上面的问题，只要将加法的算式列出，就可以马上明白。

其算式即为：$0.5 + \frac{2}{5}$

然而，小数与分数不能就这样计算哦！

总共有几升？

用数线来看，就容易了解了。

不过，以下面的数线来看，就能立刻知道答案是 0.9 升了。因此，

$$0.5 + \frac{2}{5} = 0.9$$

那么，这个计算要如何做才比较好呢？

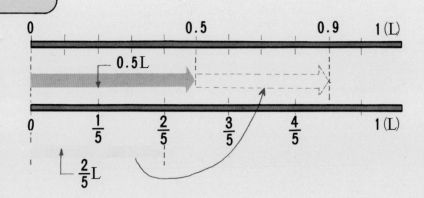

● 分数换算成小数

分数与小数的加法，并不能直接进行计算。在这里我们先把分数换算成小数后，以（小数）＋（小数）算算看。

赶快来计算看看吧。

从右边的数线来看，$\frac{2}{5} = 0.4$。

因此，$0.5 + \frac{2}{5} = 0.5 + 0.4$
$= 0.9$

分数与小数混合加减的计算方法。

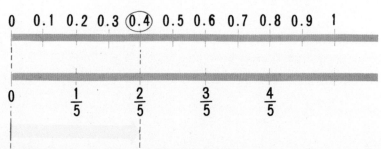

所得的答案是0.9。其他的数字也可以如此求得吗? 来试试看吧！

◆ 计算 $0.8 + \frac{1}{4}$

$\frac{1}{4} = 0.25$

因此，

$0.8 + \frac{1}{4} = 0.8 + 0.25$
$= 1.05$

即可算出答案是1.05。

◆ 计算 $\frac{5}{8} + 0.35$

$\frac{5}{8} = 0.625$

因此，

$\frac{5}{8} + 0.35 = 0.625 + 0.35$
$= 0.975$

即可算出答案是0.975。

◆ 计算 $0.75 + \frac{2}{3}$

$\frac{2}{3} = 0.66\overset{.}{6}$

$\frac{2}{3}$ 并不能恰好换算成小数，在这种情况时，分数就无法换算成小数来计算了。

把分数换算成小数虽然是种很好的想法，但是在分数当中，如 $\frac{2}{3} = 0.66\overset{.}{6}$，有一些是无法完全换成小数的，所以，并不可以只限于用这种想法来进行计算。

那么换一种方式，试试看把小数换算成分数。

在分数中，因为有些不能换算成小数，所以这种方法并不能解开所有的问题。$\frac{5}{6} = 0.83\overset{.}{3}$，这也是不能换算成小数的哟！

●小数换算成分数

将算式 $0.5 + \frac{2}{5}$ 改用小数换算成分数的方法来计算看看吧！

可由右侧的数线得知，

$$0.5 = \frac{5}{10} = \frac{1}{2}$$

因此，

$$0.5 + \frac{2}{5} = \frac{1}{2} + \frac{2}{5}$$

$$= \frac{5}{10} + \frac{4}{10}$$ ⬅ 通分

$$= \frac{9}{10}$$

计算后，答案即为 $\frac{9}{10}$。若将 $\frac{9}{10}$ 换算为 0.9，就跟分数换算成小数计算的答案相符合了。

其他的算式也可以这样计算吗？来弄清楚它吧。

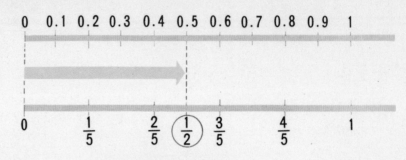

◆计算看看 $0.8 + \frac{1}{4}$

$$0.8 = \frac{8}{10} = \frac{4}{5}$$

因此，

$$0.8 + \frac{1}{4} = \frac{4}{5} + \frac{1}{4}$$

$$= \frac{16}{20} + \frac{5}{20}$$ ⬅ 通分

$$= \frac{21}{20}$$

$$= 1\frac{1}{20}$$

可以计算出答案是 $1\frac{1}{20}$。

◆ 计算 $\frac{5}{8} + 0.35$

$$0.35 = \frac{35}{100} = \frac{7}{20}$$

因此，

$$\frac{5}{8} + 0.35 = \frac{5}{8} + \frac{7}{20}$$

$$= \frac{25}{40} + \frac{14}{40}$$ ⬅ 通分

$$= \frac{39}{40}$$

可以计算出答案是 $\frac{39}{40}$。

◆ 计算 $0.75 + \frac{2}{3}$

$$0.75 = \frac{75}{100} = \frac{3}{4}$$

因此，

$$0.75 + \frac{2}{3} = \frac{3}{4} + \frac{2}{3}$$

$$= \frac{9}{12} + \frac{8}{12}$$ ⬅ 通分

$$= \frac{17}{12}$$

$$= 1\frac{5}{12}$$

可以算出答案是 $1\frac{5}{12}$。

像这样，因为小数可以换算成分数，所以做小数与分数混合加法时，还是把小数换算成分数来计算比较好。

分数与小数的计算

试把分数与小数混合的减法，分别以分数换算成小数及小数换算成分数的方式计算看看。

● 分数换算成小数

◆ 计算 $0.6 - \frac{1}{4}$

$$\frac{1}{4} = 0.25$$

因此，

$$0.6 - \frac{1}{4} = 0.6 - 0.25$$
$$= 0.35$$

可以计算出答案是 0.35。

◆ 计算 $\frac{5}{6} - 0.7$

$$\frac{5}{6} = 0.8333$$

$\frac{5}{6}$ 只能换算为无限循环小数。因此，这种情况时，分数就无法换算成小数来计算了。

和加法一样，减法中也有分数换算成小数而不能计算的情况。

综合测验

做做下列计算题：

① $0.5 + \frac{1}{3}$ ② $\frac{5}{8} - 0.2$

③ $3.2 + 1\frac{3}{4}$ ④ $1.25 - \frac{3}{4}$

⑤ $2\frac{5}{6} + 9.6$ ⑥ $3\frac{1}{3} - 0.8$

● 小数换算成分数

按照以分数换算成小数的方式，再用小数换算成分数的方法计算。

◆ 计算 $0.6 - \frac{1}{4}$

$$0.6 = \frac{\overset{3}{\cancel{6}}}{\underset{5}{\cancel{10}}} = \frac{3}{5}$$

因此，

$$0.6 - \frac{1}{4} = \frac{3}{5} - \frac{1}{4}$$
$$= \frac{12}{20} - \frac{5}{20} = \frac{7}{20} \quad \blacktriangleleft 通分$$

答案就是 $\frac{7}{20}$。

◆ 计算 $\frac{5}{6} - 0.7$

$$0.7 = \frac{7}{10}$$

因此，

$$\frac{5}{6} - 0.7 = \frac{5}{6} - \frac{7}{10}$$
$$= \frac{25}{30} - \frac{21}{30} \quad \blacktriangleleft 通分$$
$$= \frac{\overset{2}{\cancel{4}}}{\underset{15}{\cancel{30}}} = \frac{2}{15}$$

答案就是 $\frac{2}{15}$。

> 和加法一样，将小数换算成分数后再计算就很简单了。

整理

分数和小数的混合加法及减法，通常都是将小数换算成分数来计算。

答：① $\frac{5}{6}$ ② $\frac{17}{40}$（0.425） ③ $4\frac{19}{20}$（4.95） ④ $\frac{1}{2}$（0.5） ⑤ $12\frac{13}{30}$ ⑥ $2\frac{8}{15}$

6 分数计算的法则

◉计算法则可否成立？

在计算整数与小数时成立的计算法则，用在分数也同样成立吗？

计算整数与小数时成立的计算法则，如下：

$$a+b=b+a$$
$$(a+b)+c=a+(b+c)$$
$$a\times b=b\times a$$
$$(a\times b)\times c=a\times(b\times c)$$
$$a\times c+b\times c=(a+b)\times c$$

研究看看这些法则是不是也可用在分数。

把分数代入 a、b、c 计算，看看法则是否成立。

● $a+b=b+a$

以 $a=2\frac{1}{5}$、$b=3\frac{5}{6}$ 算算看

$a\ +\ b$	$b\ +\ a$
$\vdots$	$\vdots$
$2\frac{1}{5}+3\frac{5}{6}$	$3\frac{5}{6}+2\frac{1}{5}$
$=2\frac{6}{30}+3\frac{25}{30}$	$=3\frac{25}{30}+2\frac{6}{30}$
$=5\frac{31}{30}=6\frac{1}{30}$	$=5\frac{31}{30}=6\frac{1}{30}$

可以看到，答案都是 $6\frac{1}{30}$，所以

$a+b=b+a$ 可成立。

● $(a+b)+c=a+(b+c)$

以 $a=2\frac{1}{5}$、$b=3\frac{5}{6}$、$c=\frac{2}{5}$ 算算看

$(\ a\ +\ b\ )+c$	$a+(\ b\ +\ c\ )$
$\vdots$	$\vdots$
$(2\frac{1}{5}+3\frac{5}{6})+\frac{2}{5}$	$2\frac{1}{5}+(3\frac{5}{6}+\frac{2}{5})$
$=(2\frac{6}{30}+3\frac{25}{30})+\frac{12}{30}$	$=2\frac{6}{30}+(3\frac{25}{30}+\frac{12}{30})$
$=5\frac{31}{30}+\frac{12}{30}$	$=2\frac{6}{30}+3\frac{37}{30}$
$=5\frac{43}{30}=6\frac{13}{30}$	$=5\frac{43}{30}=6\frac{13}{30}$

答案都是 $6\frac{13}{30}$，所以

$(a+b)+c=a+(b+c)$ 可成立。

● $a\times b=b\times a$

以 $a=2\frac{1}{5}$、$b=3\frac{5}{6}$ 算算看

$a\ \times\ b$	$b\ \times\ a$
$\vdots$	$\vdots$
$2\frac{1}{5}\times3\frac{5}{6}$	$3\frac{5}{6}\times2\frac{1}{5}$
$=\frac{11}{5}\times\frac{23}{6}=\frac{11\times23}{5\times6}$	$=\frac{23}{6}\times\frac{11}{5}=\frac{23\times11}{6\times5}$
$=\frac{253}{30}=8\frac{13}{30}$	$=\frac{253}{30}=8\frac{13}{30}$

答案同为 $8\frac{13}{30}$，所以
$a\times b=b\times a$ 可成立。

● $(a\times b)\times c=a\times(b\times c)$

以 $a=2\frac{1}{5}$、$b=3\frac{5}{6}$、$c=\frac{2}{5}$ 算算看

$$(a \times b) \times c \qquad a \times (b \times c)$$

$$(2\frac{1}{5}\times 3\frac{5}{6})\times\frac{2}{5} \qquad 2\frac{1}{5}\times(3\frac{5}{6}\times\frac{2}{5})$$

$$=(\frac{11}{5}\times\frac{23}{6})\times\frac{2}{5} \qquad =\frac{11}{5}\times(\frac{23}{6}\times\frac{2}{5})$$

$$=\frac{253}{30}\times\frac{2}{5} \qquad =\frac{11}{5}\times\frac{23}{15}$$

$$=\frac{253\times 2^{1}}{30\times 5}_{15} \qquad =\frac{11\times 23}{5\times 15}$$

$$=\frac{253}{75}=3\frac{28}{75} \qquad =\frac{253}{75}=3\frac{28}{75}$$

答案同为 $3\frac{28}{75}$，所以
$(a\times b)\times c=a\times(b\times c)$ 可成立。

● $a\times c+b\times c=(a+b)\times c$

以 $a=\frac{1}{3}$、$b=\frac{1}{4}$、$c=\frac{2}{3}$ 算算看

$$a\times c+b\times c \qquad (a+b)\times c$$

$$\frac{1}{3}\times\frac{2}{3}+\frac{1}{4}\times\frac{2}{3} \qquad (\frac{1}{3}+\frac{1}{4})\times\frac{2}{3}$$

$$=\frac{1\times 2}{3\times 3}+\frac{1\times 2^{1}}{4\times 3}_{2} \qquad =(\frac{4}{12}+\frac{3}{12})\times\frac{2}{3}$$

$$=\frac{2}{9}+\frac{1}{6} \qquad =\frac{7}{12}\times\frac{2}{3}$$

$$=\frac{4}{18}+\frac{3}{18} \qquad =\frac{7\times 2^{1}}{12\times 3}_{6}$$

$$=\frac{7}{18} \qquad =\frac{7}{18}$$

答案同为 $\frac{7}{18}$，所以
$a\times c+b\times c=(a+b)\times c$ 可成立。

这样，我们就可了解，计算的法则同样适用于分数。

◉ **法则成立的原因**

已了解计算法则是适用于分数的。现在，就想想看法则成立的原因吧。

● $a+b=b+a$

首先，假定 $a+b$ 的长度与下图纸带的长度一致，其中 $a=\frac{1}{3}$ 米、$b=\frac{1}{4}$ 米。

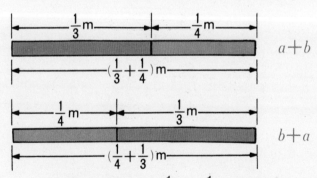

纸带的长度是 $(\frac{1}{3}+\frac{1}{4})$ 米也好，是 $(\frac{1}{4}+\frac{1}{3})$ 米也好，都是一样的。所以，即使是分数，$a+b=b+a$ 也可成立。

● $(a+b)+c=a+(b+c)$

仍然以纸带为例，假定 $a=\frac{1}{3}$米、$b=\frac{1}{4}$米、$c=\frac{2}{3}$米。

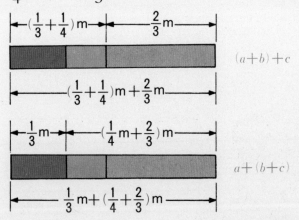

如图可知，$\{(\frac{1}{3}+\frac{1}{4})+\frac{2}{3}\}$米也好，$\{\frac{1}{3}+(\frac{1}{4}+\frac{2}{3})\}$米也好，因为纸带长度相同，所以 $(a+b)+c=a+(b+c)$ 也适用于分数。

想想看下列算式。$\frac{1}{3}$、$\frac{1}{4}$、$\frac{2}{3}$ 通分后，得到 $\frac{4}{12}$、$\frac{3}{12}$、$\frac{8}{12}$。

$$(\frac{1}{3}+\frac{1}{4})+\frac{2}{3}=(\frac{4}{12}+\frac{3}{12})+\frac{8}{12}$$

$$=\frac{(4+3)+8}{12}$$

$$\frac{1}{3}+(\frac{1}{4}+\frac{2}{3})=\frac{4}{12}+(\frac{3}{12}+\frac{8}{12})$$

$$=\frac{4+(3+8)}{12}$$

把 $\frac{1}{12}$ 当成 1 个单位时，就可以用整数的加法来考虑了。

分数的加法，只要把分母通分后，所得的分子相加即可。这跟整数的情形相同。所以，$(a+b)+c=a+(b+c)$ 适用于分数。

● $a×b=b×a$

以右侧长方形面积的求法，想想看它的计算法则。

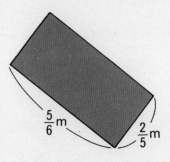

求得面积的公式为 (长) × (宽)。

把 $\frac{2}{5}$ 米当作长、$\frac{5}{6}$ 米当作宽时，可得面积的计算公式为 $\frac{2}{5}$ (米) × $\frac{5}{6}$ (米)。

再以 $\frac{5}{6}$ 当作长、$\frac{2}{5}$ 当作宽时，也可得面积的计算公式为 $\frac{5}{6}$ (米) × $\frac{2}{5}$ (米)。

因两者都可表示同一长方形面积的求法，所以可以说 $\frac{2}{5}×\frac{5}{6}=\frac{5}{6}×\frac{2}{5}$。

把长当作 a、宽当作 b 的话，同样的 $a×b=b×a$ 可成立。

● $(a×b)×c=a×(b×c)$

如右图，以 (底面积) × (高) 可得长方体的体积。

首先，把甲面的面积作为底面积来考虑，其求法为 $(\frac{5}{6}×\frac{2}{3})×\frac{3}{4}$……①

并且，再以乙面的面积作为底面积，其求法为 $(\frac{2}{3}×\frac{3}{4})×\frac{5}{6}$。

在此，把$(\frac{2}{3}\times\frac{3}{4})$作为$a$、$\frac{5}{6}$作为$b$时，用乘法的法则$a\times b=b\times a$，可表示为

$$\frac{5}{6}\times(\frac{2}{3}\times\frac{3}{4})\cdots\cdots②$$

①和②两者都是求得相同长方体体积的算式，因此，

$$(\frac{5}{6}\times\frac{2}{3})\times\frac{3}{4}=\frac{5}{6}\times(\frac{2}{3}\times\frac{3}{4})$$

$$(a\times b)\times c=a\times(b\times c)$$

同样适用于分数。

● $a\times c+b\times c=(a+b)\times c$

以右侧面积（甲与乙）的求法，想想看这个法则是否适用于分数。

首先，分别求出甲与乙的面积，其式子是

$$\underset{\text{甲的面积}}{\underbrace{\frac{3}{7}\times\frac{2}{5}}}+\underset{\text{乙的面积}}{\underbrace{\frac{2}{3}\times\frac{2}{5}}}\cdots\cdots①$$

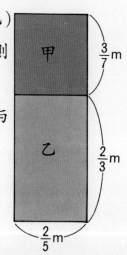

算式可转化为：

$$(\frac{3}{7}+\frac{2}{3})\times\frac{2}{5}\cdots\cdots②$$

①和②，两者都是求得相同面积的算式，因此：

$$\frac{3}{7}\times\frac{2}{5}+\frac{2}{3}\times\frac{2}{5}=(\frac{3}{7}+\frac{2}{3})\times\frac{2}{5}$$

$$a\times c+b\times c=(a+b)\times c$$

所以，$a\times c+b\times c=(a+b)\times c$ 也同样适用于分数。

●计算的窍门

在使用计算法则时，以下的计算方式就简单多了。

① $5\frac{2}{3}+\frac{3}{4}+2\frac{1}{4}$ 运用$(a+b)+c=a+(b+c)$的计算法则

$$=5\frac{2}{3}+(\frac{3}{4}+2\frac{1}{4})$$

$$=5\frac{2}{3}+3$$

$$=8\frac{2}{3}$$

② $3\frac{3}{4}\times\frac{4}{5}+1\frac{1}{4}\times\frac{4}{5}$ 运用$a\times c+b\times c=(a+b)\times c$的计算法则

$$=(3\frac{3}{4}+1\frac{1}{4})\times\frac{4}{5}$$

$$=5\times\frac{4}{5}=4$$

整 理

整数与小数可以成立的计算法则，也同样适用于分数。

$$a+b=b+a$$
$$(a+b)+c=a+(b+c)$$
$$a\times b=b\times a$$
$$(a\times b)\times c=a\times(b\times c)$$
$$a\times c+b\times c=(a+b)\times c$$

7 分数的意义和分数的加减法

整理

1 除法的商与分数

把 3 升的果汁平均倒入 7 个杯子里，每杯有 $3 \div 7 = \frac{3}{7}$（升）。

除法的商也可以用分数表示。

$$甲 \div 乙 = \frac{甲 \cdots\cdots 被除数}{乙 \cdots\cdots 除数}$$

2 分数 ⟷ 小数、整数

$0.35 = \frac{35}{100} = \frac{7}{20} \cdots\cdots$ 小数→分数

$3 = \frac{3}{1} = \frac{6}{2} = \frac{9}{3} \cdots\cdots$ 整数→分数

小数或整数都可以用分数表示。

$\frac{2}{5} = 2 \div 5 = 0.4 \cdots\cdots$ 分数→小数

$\frac{1}{3} = 1 \div 3 = 0.333 \cdots\cdots$ 分数→小数

有些分数无法用完整的小数来表示。

3 大小相等的分数

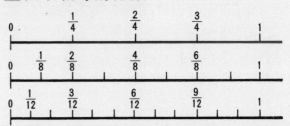

试试看，会几题？

小朋和小朋友们在分数的王国里做越野竞赛。让我们和他们一起看看下面的问题。

1 路程全长 2 千米，如果每小时步行 3 千米，需要步行几小时？

2 长方形的面积是 4 平方米，如果长方形的宽是 3 米，长是多少米？

3 用不等号或等号表示下面数目的大小。

（1）（ $\frac{3}{4}$ _____ 0.76 ）

（2）（ 0.46 _____ $\frac{2}{5}$ ）

（3）（ $\frac{5}{8}$ _____ 0.625 ）

4 把 10 升的果汁分成 6 等分并装入小瓶里，每小瓶的果汁是多少升？

5 有 1 个分数的大小和 $\frac{16}{24}$ 相等，分母是 3，这个分数是多少？

答：① $\frac{2}{3}$ 小时 ② $\frac{4}{3}$ 米（$1\frac{1}{3}$ 米） ③（1）<（2）>（3）= ④ $\frac{10}{6}$ 升（$1\frac{2}{3}$ 升） ⑤ $\frac{2}{3}$

由数线可以看出，大小相等的分数有很多。

$$\frac{3}{4} = \frac{6}{8} = \frac{9}{12} = \cdots\cdots = \frac{3 \times 甲}{4 \times 甲}$$

（上：3×2　3×3　下：4×2　4×3）

$$\frac{9}{12} = \frac{3}{4} \qquad \frac{6}{8} = \frac{3}{4}$$

（$9 \div 3$，$12 \div 3$；$6 \div 2$，$8 \div 2$）

分母和分子如果同时乘上或除以 1 个同样的数（0 除外），分数的大小不会改变。

用分母和分子的公因数去除 1 个分数的分子和分母，这个步骤叫作约分。约分后所得的分数等于原来的分数。

4 分数的大小与通分

把 2 个以上不同分母的分数化成同分母的分数，但不改变各个分数原来的大小，这个步骤就是通分。

利用通分可以比较分数的大小。

$$\left(\frac{3}{4}, \frac{4}{5}\right) \rightarrow \left(\frac{15}{20}, \frac{16}{20}\right)$$

通分的时候，先找出分母的公倍数作为公分母。公分母的值越小越好。

5 不同分母的分数的加减法

$$\frac{5}{12} + \frac{1}{4} = \frac{5}{12} + \frac{3}{12}$$
$$= \frac{8}{12} = \frac{2}{3}$$

$$1\frac{2}{9} - \frac{5}{6} = 1\frac{4}{18} - \frac{15}{18}$$
$$= \frac{22}{18} - \frac{15}{18}$$
$$= \frac{7}{18}$$

分数相加或相减时，如果分母不同，必须先通分之后再计算答案。

答案如果可以约分，便将答案约分。

6 把下列各分数通分。

(1) $\left(\frac{3}{4}, \frac{2}{5}\right)$

(2) $\left(\frac{7}{20}, \frac{3}{4}\right)$

(3) $\left(\frac{5}{12}, \frac{9}{16}\right)$

7 水桶里原有 $\frac{3}{4}$ 升的水，后来又加入 $1\frac{5}{6}$ 升，全部共有多少升的水？

8 小木屋距离车站 $2\frac{3}{8}$ 千米，车站和家相距 $1\frac{4}{5}$ 千米。这 2 条路线哪一条比较短？短多少千米？

6 (1) $\left(\frac{15}{20}, \frac{8}{20}\right)$ (2) $\left(\frac{7}{20}, \frac{15}{20}\right)$ (3) $\left(\frac{20}{48}, \frac{27}{48}\right)$ 　7 $2\frac{7}{12}$ 升 　8 车站到家的距离较短，短 $\frac{23}{40}$ 千米

解题训练

■用分数求除法的商

◀ **提示** ▶

38÷6的算式如果用小数作答,将无法整除,所以用分数作答。

1 校园的角落有1块面积为38平方米的土地,这块土地预备让小朋友们栽种植物。如果1年级到6年级每个年级分得的土地面积都相同,各年级各分得多少平方米?

● **解法**

　　38÷6的商是6.333,利用小数无法把商正确地表示出来。所以改用分数作答。

$$38 \div 6 = \frac{38}{6} = \frac{38^{19}}{6_3} = \frac{19}{3} = 6\frac{1}{3}$$

答:$6\frac{1}{3}$平方米

■把分数改写成小数,把小数或整数改写成分数

◀ **提示** ▶

把分数改写成小数后,较容易比较大小。

2 把下列的数按照大小顺序排列。

$$\left(\frac{5}{8}, \ 0.64, \ \frac{3}{5}, \ \frac{6}{11}, \ 0.61 \right)$$

● **解法**

　　比较大小时,可把分数换算成小数,然后再比较各小数的大小;也可以把小数改写成分数,通分之后再比较各分数的大小。

　　如果把小数换算成分数,必须先通分后才能比较各分数的大小。所以较为麻烦。因此把分数改成小数,然后比较各小数的大小会比较简便。

$$\frac{5}{8} = 0.625, \ \frac{3}{5} = 0.6, \ \frac{6}{11} = 0.5454。$$

答:按照大小顺序排列是 0.64, $\frac{5}{8}$, 0.61, $\frac{3}{5}$, $\frac{6}{11}$

■约分的练习

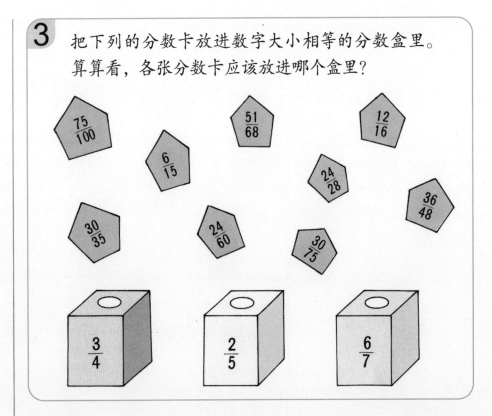

3 把下列的分数卡放进数字大小相等的分数盒里。算算看，各张分数卡应该放进哪个盒里？

◀ 提示 ▶

把每个分数约分成最简分数（也可以把盒子上分数的分母与分子乘以2倍、3倍……然后再得出答案）。

● 解法

$\dfrac{75}{100}=\dfrac{3}{4}$（分母与分子都能被25整除）。

$\dfrac{6}{15}=\dfrac{2}{5}$（分母与分子都能被3整除）。

$\dfrac{51}{68}=\dfrac{3}{4}$（分母与分子都能被17整除）。

$\dfrac{12}{16}=\dfrac{3}{4}$（分母与分子都能被4整除）。

$\dfrac{30}{35}=\dfrac{6}{7}$（分母与分子都能被5整除）。

$\dfrac{24}{60}=\dfrac{2}{5}$（分母与分子都能被12整除）。

$\dfrac{30}{75}=\dfrac{2}{5}$（分母与分子都能被15整除）。

$\dfrac{24}{28}=\dfrac{6}{7}$（分母与分子都能被4整除）。

$\dfrac{36}{48}=\dfrac{3}{4}$（分母与分子都能被12整除）。

答：$\dfrac{3}{4}\rightarrow\left(\dfrac{75}{100},\dfrac{51}{68},\dfrac{12}{16},\dfrac{36}{48}\right)$；$\dfrac{2}{5}\rightarrow\left(\dfrac{6}{15},\dfrac{24}{60},\dfrac{30}{75}\right)$；

$\dfrac{6}{7}\rightarrow\left(\dfrac{30}{35},\dfrac{24}{28}\right)$

■利用通分来比较大小

4 下图把水果和蔬菜分成2个1组，并比较每组的重量大小。一面看图一面算算看，每一组中的哪一边比较重？把较重一边的数字填在□里。

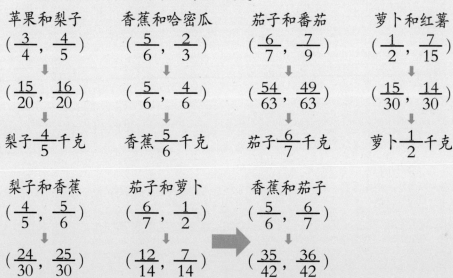

⑦ □ kg

⑤ □ kg ⑥ □ kg

① □ kg ② □ kg ③ □ kg ④ □ kg

$\frac{3}{4}$ kg $\frac{4}{5}$ kg $\frac{5}{6}$ kg $\frac{2}{3}$ kg $\frac{6}{7}$ kg $\frac{7}{9}$ kg $\frac{1}{2}$ kg $\frac{7}{15}$ kg

苹果 梨子 香蕉 哈密瓜 茄子 番茄 萝卜 红薯

◀ **提示** ▶

先把各组的分数通分，再将较重一边的数填在□里。如果把原来未通分的分母填在①、②、③、④的空格里，在计算⑤、⑥的大小时会比较容易。

● 解法

先把各组的分数通分后再做比较。

苹果和梨子
$(\frac{3}{4}, \frac{4}{5})$
↓
$(\frac{15}{20}, \frac{16}{20})$
↓
梨子 $\frac{4}{5}$ 千克

香蕉和哈密瓜
$(\frac{5}{6}, \frac{2}{3})$
↓
$(\frac{5}{6}, \frac{4}{6})$
↓
香蕉 $\frac{5}{6}$ 千克

茄子和番茄
$(\frac{6}{7}, \frac{7}{9})$
↓
$(\frac{54}{63}, \frac{49}{63})$
↓
茄子 $\frac{6}{7}$ 千克

萝卜和红薯
$(\frac{1}{2}, \frac{7}{15})$
↓
$(\frac{15}{30}, \frac{14}{30})$
↓
萝卜 $\frac{1}{2}$ 千克

梨子和香蕉
$(\frac{4}{5}, \frac{5}{6})$
↓
$(\frac{24}{30}, \frac{25}{30})$
↓
香蕉 $\frac{5}{6}$ 千克

茄子和萝卜
$(\frac{6}{7}, \frac{1}{2})$
↓
$(\frac{12}{14}, \frac{7}{14})$
↓
茄子 $\frac{6}{7}$ 千克

香蕉和茄子
$(\frac{5}{6}, \frac{6}{7})$
↓
$(\frac{35}{42}, \frac{36}{42})$
↓
茄子 $\frac{6}{7}$ 千克

答：① $\frac{4}{5}$ ② $\frac{5}{6}$ ③ $\frac{6}{7}$ ④ $\frac{1}{2}$ ⑤ $\frac{5}{6}$ ⑥ $\frac{6}{7}$ ⑦ $\frac{6}{7}$

■分母不同的分数的加减法

5 计算下列各题的答案。

① $\dfrac{1}{6}+\dfrac{3}{8}$　　② $\dfrac{3}{4}+\dfrac{5}{6}$

③ $2\dfrac{1}{4}+1\dfrac{2}{9}$　　④ $2\dfrac{7}{10}+1\dfrac{5}{12}$

⑤ $\dfrac{5}{6}-\dfrac{2}{9}$　　⑥ $\dfrac{5}{8}-\dfrac{7}{12}$

⑦ $4\dfrac{4}{9}-1\dfrac{1}{12}$　　⑧ $3\dfrac{5}{12}-1\dfrac{2}{3}$

◀ **提示** ▶

　　分母不同的分数相加或相减时，必须先通分再计算答案。如果答案是假分数，则改成带分数。答案如果可以约分，则把答案约分成最简分数。计算带分数的加减法时，整数和分数要分开计算。

● 解法

① 6 和 8 的最小公倍数是 24　　$\dfrac{1}{6}+\dfrac{3}{8}=\dfrac{4}{24}+\dfrac{9}{24}=\dfrac{13}{24}$

② 4 和 6 的最小公倍数是 12　　$\dfrac{3}{4}+\dfrac{5}{6}=\dfrac{9}{12}+\dfrac{10}{12}=\dfrac{19}{12}=1\dfrac{7}{12}$

③ 4 和 9 的最小公倍数是 36　　$2\dfrac{1}{4}+1\dfrac{2}{9}=2\dfrac{9}{36}+1\dfrac{8}{36}=3\dfrac{17}{36}$

④ 10 和 12 的最小公倍数是 60　　$2\dfrac{7}{10}+1\dfrac{5}{12}=2\dfrac{42}{60}+1\dfrac{25}{60}$
$=3\dfrac{67}{60}=4\dfrac{7}{60}$

⑤ 6 和 9 的最小公倍数是 18　　$\dfrac{5}{6}-\dfrac{2}{9}=\dfrac{15}{18}-\dfrac{4}{18}=\dfrac{11}{18}$

⑥ 8 和 12 的最小公倍数是 24　　$\dfrac{5}{8}-\dfrac{7}{12}=\dfrac{15}{24}-\dfrac{14}{24}=\dfrac{1}{24}$

⑦ 9 和 12 的最小公倍数是 36　　$4\dfrac{4}{6}-1\dfrac{1}{12}=4\dfrac{16}{36}-1\dfrac{3}{36}=3\dfrac{13}{36}$

⑧ 12 和 3 的最小公倍数是 12　　$3\dfrac{5}{12}-1\dfrac{2}{3}=3\dfrac{5}{12}-1\dfrac{8}{12}$
$=2\dfrac{17}{12}-1\dfrac{8}{12}$
$=1\dfrac{9}{12}$
$=1\dfrac{3}{4}$

答：① $1\dfrac{13}{24}$　② $1\dfrac{7}{12}$　③ $3\dfrac{17}{36}$　④ $4\dfrac{7}{60}$　⑤ $\dfrac{11}{18}$　⑥ $\dfrac{1}{24}$　⑦ $3\dfrac{13}{36}$　⑧ $1\dfrac{3}{4}$

加强练习

1 从甲中取 1 个整数，把这个整数称为丙。从乙中取 1 个整数，把这个整数称为丁。把整数丙除以整数丁就是 $丙 \div 丁 = \dfrac{丙}{丁}$。$丙 \div 丁 = 1\dfrac{1}{5}$ 的丙、丁组合计有（6，5）、（12，10）等无数之多。请写出所有可能的类似组合，但组合中的丙必须在 30 以下。

甲
1
2
3
4
5
┊

乙
1
2
3
4
5
┊

2 哪些分数的值比 $\dfrac{3}{7}$ 大，但比 $\dfrac{9}{10}$ 小，而分母为 5？请写出所有可能的答案。

3 有 1 个真分数的分母比分子大 27，如果把这个分数约分，约分后的分数是 $\dfrac{5}{8}$。这个分数是多少？

4 有 1 个分数的分母与分子的和是 35，约分后等于 $\dfrac{3}{4}$，这个分数原来是多少？

5 有甲、乙、丙 3 个球。现在像下图一样分别把其中的 2 个球放在秤上称重，每 1 组的重量如下图所示。

解答和说明

1 把 $1\dfrac{1}{5}$ 改写成假分数就成为 $\dfrac{6}{5}$，所以 $\dfrac{丙}{丁} = \dfrac{6}{5}$。分数的分母与分子同时乘以或除以同样的数（0 除外），分数的大小不会改变。所以丙、丁的组合便可利用这一点求得，但丙必须小于或等于 30。

（**6**，**5**）、（**12**，**10**）、（**18**，**15**）……
└─乘以 2 倍─┘　乘以 3 倍

（30，25）

答：（6，5）、（12，10）、（18，15）、（24，20）、（30，25）

2 把分数换算成小数。

$\dfrac{3}{7} = 0.42\cdots$，$\dfrac{9}{10} = 0.9$，$\dfrac{\square}{5}$ 比 0.42 大，但比 0.9 小，求 □ 的大小。

如果 $\dfrac{\square}{5} = 0.42$，$\square \div 5 = 0.42$

$\square = 0.42 \times 5 = 2.1$…………（1）

如果 $\dfrac{\square}{5} = 0.9$，$\square = 0.9 \times 5 = 4.5$…（2）

由（1）和（2）得知，□ 的分子比 2.1 大，但比 4.5 小。2.1 与 4.5 之间的整数计有 3 和 4。

答：$\dfrac{3}{5}$，$\dfrac{4}{5}$

3 $\dfrac{5}{8}$ 的分子和分母的比例是 5 比 8。

分子 ├─┼─┼─┼─┼─┤5
分母 ├─┼─┼─┼─┼─┼─┼─┼─┤8 ←─27─→

分子和分母的差是 $8 - 5 = 3$

和 3 相当的整数是 27，所以和 1 相当的数是 $27 \div 3 = 9$

$\dfrac{9 \times 5}{9 \times 8} = \dfrac{45}{72}$。

答：$\dfrac{45}{72}$

4 因为所求的分数和 $\dfrac{3}{4}$ 相等，所以分子

请回答下列问题：

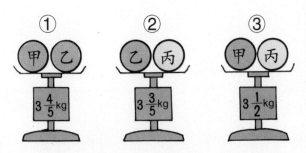

①甲乙 $3\frac{4}{5}$kg　②乙丙 $3\frac{3}{5}$kg　③甲丙 $3\frac{1}{2}$kg

（1）按照重量的大小顺序排列甲、乙、丙3球。

（2）最重的球和最轻的球相差多少千克？

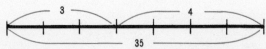

和分母的比例是3比4。把35分成3与4的比例。

$35 \div (3 + 4) = 5$，$3 \times \frac{4}{5} \times 5 = \frac{15}{20}$。

答：$\frac{15}{20}$

5（1）比较题目中的图①与图②，可以发现两方都包含了乙球。$3\frac{4}{5}$ 和 $3\frac{3}{5}$ 相较之下，$3\frac{4}{5} > 3\frac{3}{5}$，由此得知甲＞丙。

$3\frac{4}{5} - 3\frac{3}{5} = \frac{1}{5}$，所以甲比丙重 $\frac{1}{5}$ 千克。同样地，由图②与图③可以得知乙＞甲。$3\frac{3}{5} - 3\frac{1}{2} = \frac{1}{10}$，所以乙比甲重 $\frac{1}{10}$ 千克。

（2）因为乙＞甲＞丙，所以求乙和丙的差。

$\frac{1}{10} + \frac{1}{5} = \frac{3}{10}$

答：（1）乙、甲、丙　（2）$\frac{3}{10}$ 千克

应用问题

1 $\frac{2}{4}$、$\frac{3}{6}$、$\frac{5}{10}$、$\frac{7}{14}$、$\frac{13}{26}$ 的分子都是分母的 $\frac{1}{2}$，而这种分子相当于分母 $\frac{1}{2}$ 的分数，约分后都等于 $\frac{1}{2}$。后面括号里的分数哪些比 $\frac{1}{2}$ 小，哪些比 $\frac{2}{3}$ 大？（$\frac{2}{5}$，$\frac{4}{9}$，$\frac{9}{12}$，$\frac{8}{17}$，$\frac{31}{45}$）

2 如果把 $\frac{2}{5}$ 的分母加上15，分子必须加上多少，新的分数才会等于原来的分数？

3 和 $\frac{2}{3}$ 相等的分数极多，例如 $\frac{100}{150}$ 或 $\frac{80}{120}$ 等等。如果把这种分数的分母减去15，分子必须减去多少，新的分数才会等于原来的分数？

4 计算下列算式。

① $0.3 + \frac{2}{3}$（$0.3 = \frac{3}{10}$）

② $1\frac{4}{5} - 0.7$

③ $2\frac{1}{4} + 0.12 - 1\frac{7}{20}$

5 丙地在甲地和乙地之间。丙地的位置比较靠近甲地，丙地距甲乙两地中心点的距离等于甲乙两地全部距离的 $\frac{2}{15}$。甲丙两地的距离和乙丙两地的距离相差多少？

6 某数加上 $\frac{5}{3}$ 的和是 $2\frac{1}{4}$。如果把这个数加上 $\frac{3}{5}$，和是多少？

答：**1** 比 $\frac{1}{2}$ 小的分数是 $\frac{2}{5}$、$\frac{4}{9}$、$\frac{8}{17}$，比 $\frac{2}{3}$ 大的分数是 $\frac{9}{12}$、$\frac{31}{45}$　**2** 6　**3** 10
4 ① $\frac{29}{30}$　② $1\frac{1}{10}$　③ $1\frac{1}{50}$　**5** $\frac{4}{15}$
6 $1\frac{11}{60}$

8 概数

大约数目的表示方法

某一球场的座位有 45000 个。

一场盛大的棒球争霸赛即将开始，因此，球场上挤满了观众。

场外也有很多人排队准备进场看球。

因为观众是陆陆续续地进场的，所以无法算出正确的人数来。

但是，到底入场的人有多少呢？

我们不可能沿着观众席一个一个地数。那么，让我们去问一问现场转播比赛的新闻记者吧！

新闻记者播报的人数并不是完全准确的数字，我们把这种大约的数称为概数。

然而，概数是怎样计算出来的呢？

让我们想一想。

由于今天将有一场热烈的棒球比赛，棒球场从清早开始便涌进了许多棒球迷。这些热情的观众使得球场的观众席爆满，而场外尚有大批群众正陆续挤进球场。这场球赛已吸引了近 50000 名观众，预计比赛前观众的人数还会继续增加。

◉ 概数

实际上，比赛结束后，根据入场券卖出的情形，得知这场球赛实际的观众人数为 53724 人。如果用概数来表示的话，应该怎样写呢？

53000

由以上数线可知 53724 比 53000 更接近 54000。

因此 53724 的概数写作约 54000。

50000 接近 50000 60000

53724

由以上数线可知 53724 比 60000 更接近 50000。所以 53724 的概数写作约 50000。

* 以上所说的"大约的数"，数学上通称概数。

◉ 概数的求法

概数的求法很多。以下为最常使用的方法。

● 四舍五入

53000 远离 53724 接近 54000

学习重点

① 概数的表示法。
② 概数的用法。

◆ 如果以"几万几千"来求概数的话，53724 应该怎么表示？使用数线查查看。

接近 54000 ⟶ 54000
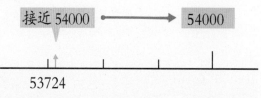

53724

◆ 如果以"几万"来表示 53724 的概数，应该如何表示？我们也用数线查查看。

求 53724 到千位的概数时，表示千位以下的数全部去掉而以整数表示，所以 53724 的概数为 53000 或 54000 的其中之一。

53000 ⟷ 53 724 ⟶ 54000

但是，如果仅用以上方法，仍无法判断哪一个是正确答案。

因此，如果以数线来查，就可以很快找出 53724 较接近于 53000 还是 54000 了。

另外，53724 较接近 53000 或 54000，也可以用算式求出。

53724 和 53000 的差为

$$53724 - 53000 = 724$$

而 54000 和 53724 的差为

$$54000 - 53724 = 276$$

我们比较一下差数 724 和 276，

得到 276 < 724

所以，得知 53724 较接近 54000，其到千位的概数为

53724 ➡ 54000

根据以上原理，可以找出一个概数的求法，也就是求千位的概数时，考虑百位的数较接近哪个千位即可。

这种概数的求法称为四舍五入。

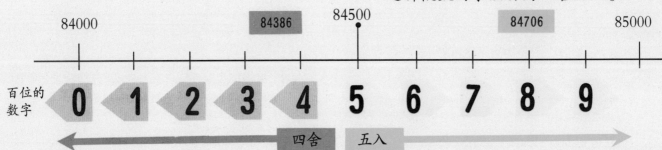

那么，利用四舍五入的方法，你能求出 84386 和 84706 到千位的概数吗？

由以上数线可知，百位数为 0、1、2、3、4 时，比千小的数则全部去掉，换成 0，称为"舍"。

而另外，百位数为 5、6、7、8、9 时，则将这 3 位比千小的数合起来进为 1000，称为"入"。例如 499 "舍"，而 500 则 "入" 为 1000。

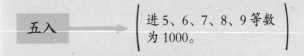

以四舍五入的方法求 84386 和 84706 的千位概数时，可得出以下算式：

| 四舍 | $\overset{000}{84386} \longrightarrow$ 约 84000 |

| 五入 | $\overset{5000}{84706} \longrightarrow$ 约 85000 |

将某数四舍五入时，如果所求位数的下一位数为 0、1、2、3、4，则将所求位数以下的位数全部写成 0，而如果所求位数的下一位数为 5、6、7、8、9，则亦将所求位数以下的位数全部写成 0，并在所求位数上加 1 即可。

● 舍去

巧克力的工厂里共有 3482 盒巧克力。现在，要将这些巧克力每 100 盒装进一个大箱子。请问，装进箱子内的巧克力共有多少盒？

每 100 盒装进 1 个箱子的话，

$3482 \div 100 = 34$ 余 82

所以，一共需要 34 个箱子，另外巧克力还剩下 82 盒。

由此可知，箱子内的巧克力盒数为

$100 \times 34 = 3400$

装进箱子的巧克力共有 3400 盒。而余下的 82 盒，由于不够装入 100 盒的箱子，因此不考虑这剩余的 82 盒巧克力。

$$\overset{00}{3482} \longrightarrow 3400$$

如上述，无论任何数字，已知所求概数的位数，而将多余的数舍去的方法，称为"舍去"。

● 加入

每一封彩纸共有 1000 张。每年学校使用彩纸的数量为 42300 张。请问学校一共需要买几封色纸？

色纸每封为 1000 张，所以

$42300 \div 1000 = 42$ 余 300

如果学校只买 42 封的话，将缺 300 张。因此，购买彩纸的量应 $42 + 1 = 43$，学校必须购 43 封彩纸才够一年使用。

$1000 \times 43 = 43000$

即多买 700 张色纸。

$$\overset{3000}{42300} \longrightarrow 43000$$

如上述，无论任何数字，已知所求概数的位数，而将此位数以下的位置全部集合起来，并向前进一个位数的概数求法，称为"加入"。

概数的运用

概数与制图

将下列表格中甲市各小学的人数，在方格纸上以柱状图的形式制成一个高 10 厘米的图表。

想想看，该怎样做呢？

小学人数

小学名称	人数（人）
第一小学	5853
第二小学	7195
第三小学	6449
第四小学	9503

由上表得知，方格纸上柱状图的高度，是以能够包括最多人数来决定的。

因此，我们就以人数最多的第四小学的 9503 人当作 10 厘米来考虑这个题目。

首先，想想看，1 厘米代表多少人？

1 厘米代表 1 个人的话 ⟶	9503 厘米
1 厘米代表 10 个人的话 ⟶	950 厘米
1 厘米代表 100 个人的话 ⟶	95 厘米
1 厘米代表 1000 个人的话 ⟶	9.5 厘米

所以，1 厘米应该是代表 1000 人。

由于图表可以表示出刻度 $\frac{1}{10}$ 的数，因此，我们以百位的概数来决定柱状图的高度。将各小学的人数用四舍五入法求出百位的概数，可以得到以下答案：

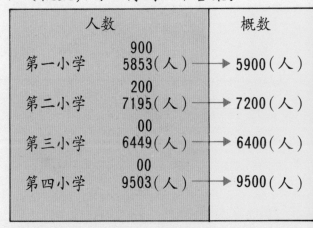

人数		概数
第一小学	900 5853（人）⟶	5900（人）
第二小学	200 7195（人）⟶	7200（人）
第三小学	00 6449（人）⟶	6400（人）
第四小学	00 9503（人）⟶	9500（人）

柱状图每 1 厘米代表 1000 人，所以将各小学的人数用长方形的高度换算为厘米时，得到以下答案：

概数		柱形高度
第一小学	5900（人）⟶	5.9（cm）
第二小学	7200（人）⟶	7.2（cm）
第三小学	6400（人）⟶	6.4（cm）
第四小学	9500（人）⟶	9.5（cm）

以上面长方形的高度为准，绘成右图。

原来在绘制图表时，利用概数可以马上求出表中最大的高度是多少。

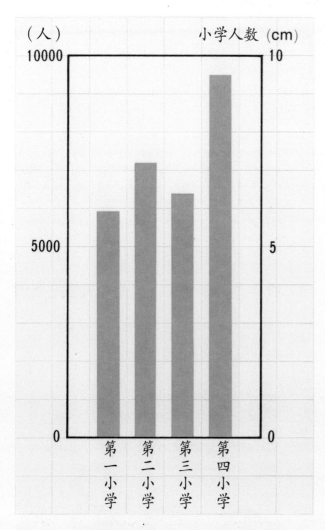

（人）　　　　小学人数（cm）

诸如此类在绘制人口或其他图表时，利用概数便可以定出图表中最大的高度。

综合测验

1 用四舍五入法求出下列各数到千位的概数，然后找出其中超过 50000 的数是哪些？

① 49553　② 49450　③ 50407

④ 51023　⑤ 49489　⑥ 50187

2 用四舍五入法求出下列各数由大至小第三位数的概数。

① 9415　② 46926　③ 896278

3 用舍去法、加入法求出由大至小第二位数的概数。

① 73542

加入法　　　舍去法

（　　　　）（　　　　　）

② 804635

加入法　　　舍去法

（　　　　）（　　　　　）

4 右图表示的人数约是几千几百人？此数如果是由四舍五入得来的话，则是指多少人到多少人？

整理

（1）大约的数称为概数。

（2）概数的求法有四舍五入法、舍去法和加入法。

（3）所谓四舍五入，是指如果所求位数的下一位为 0、1、2、3、4 时，则将所求位数的位数保留，而以下的位数全部以 0 表示。如果所求位数的下一位数为 5、6、7、8、9 时，则将所求的位数加 1，而以下的位数全部以 0 表示。

（4）概数大多使用在绘制图表、找出数线上的中间刻度和估计的数，或是求有余数的除法的商等。

综合测验答案：　**1** ③、④、⑥　**2** ① 9400　② 47000　③ 900000　**3** ① 74000　73000
② 810000　800000　**4** 1200 人、1150 人至 1249 人

9 概数的计算

1 概数的计算

一般的数可以用概数表示。

（原来的数）   （概数）
3682537 ➡ 3680000

（1）四舍五入：在 6000 和 7000 之间的数，百位数字是 0、1、2、3、4 的时候，如果把小于千的尾数舍去，就成为 6000。相反地，百位数字是 5、6、7、8、9 的时候，如果把

小于千的尾数进位，就成为 7000，这种方法就是利用四舍五入，把千位数以下的数进位或删去，并求出概数。

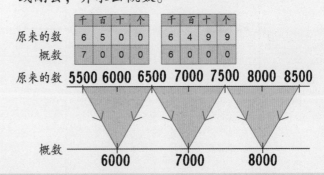

	千	百	十	个		千	百	十	个
原来的数	6	5	0	0		6	4	9	9
概数	7	0	0	0		6	0	0	0

原来的数 5500 6000 6500 7000 7500 8000 8500

概数 6000 7000 8000

试试看，会几题？

1 下图中的数字代表 4 个地区的人口数。人口数接近 6000 人的是哪几个地区？接近 7000 人的是哪几个地区？

👤=1000人   👤=100人

乙地 7030 人

甲地 6540 人

丙地 6460 人

丁地 5870 人

6000 人   人 7000

2 下图表示 4 个地区的自用汽车数量。每一部汽车代表 100 辆，每个地区的汽车数量大约是多少？

甲地

乙地

丙地

丁地

答案：**1** 接近 6000 人的地区是丙地和丁地，接近 7000 人的是甲地和乙地   **2** 甲地约 380 辆、乙地约 530 辆、丙地约 360 辆、丁地约 490 辆

（2）加入、舍去：把208或203中小于10的尾数当作10，然后在十位数加1，这就是利用加入的方式把十位数以下的数进位，并求出概数。

若把207或201中小于10的尾数当作0，也就是利用舍去的方式把十位数以下的数删去，并求出概数。

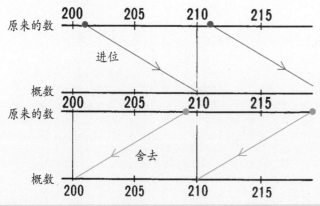

2 概数的利用法

下面4点是利用概数最多的情况。

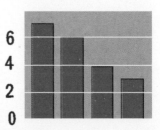

（1）长条图纸张的大小一定时，无法在图表上表现详细的数目，可以采用概数。

（2）当数目常常变动而详细数目已经失去意义时，也可采用概数。

（3）为了方便大小的比较，也可采用概数。

（4）无法查出详细的数目时，同样可以采用概数。

3

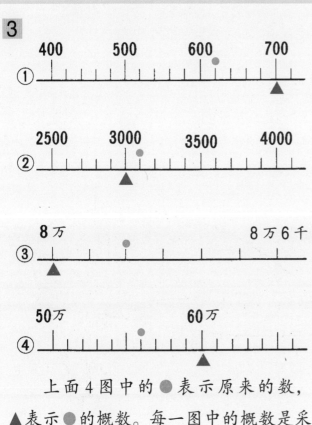

上面4图中的 ● 表示原来的数，▲ 表示 ● 的概数。每一图中的概数是采用哪一个位数的加入或舍去方法求得？

4 把下表5个地市的人口总数用概数表示，但尾数只取到十万位数。

5 地市的人口（人）

甲市	1	3	6	7	3	9	0
乙地	1	4	7	3	0	6	5
丙地	2	0	8	7	9	0	2
丁地	2	7	7	3	6	7	4
戊地	2	6	4	8	1	8	0
合计							

③①十位数的加入　②舍去十位数　③舍去千位数　④万位数的加入　④1040万人

解题训练

■ 概数的应用问题

1 右图中有6个县,请利用四舍五入法把各县小学生人数的大概列出来,每一县各有小学生几万几千人?

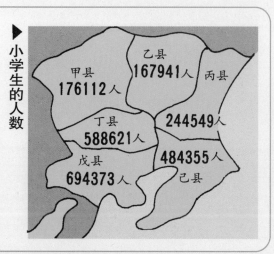

小学生的人数

甲县 176112人
乙县 167941人
丙县 244549人
丁县 588621人
戊县 694373人
己县 484355人

◀ 提示 ▶

尾数只取到千位数。注意数字的位数。

● 解法

题目中问的是几万几千人,所以概数的位数只取到千位数。先找出各县小学生人数的百位数字,并进行四舍五入,便可求得小学生人数的大略数字。

	十万	万	千	百	十	个	← 应注意的数字
己县	4	8	4	3	5	5	

答:甲县17万6千人、乙县16万8千人、丙县24万5千人、丁县58万9千人、戊县69万4千人、己县48万4千人。

■ 概数的应用问题

2 下面6个数中,十位数四舍五入后,哪几个数会变成4700?

④4649　①4749
⑥4651　②4844
⑤4692　③4750

● 解法　因为四舍五入的对象是十位数,所以应该注意十位数字。

十位数字是4,把4舍去,便成为4700。

◀ 提示 ▶

把十位数四舍五入。

①4749➡4700

答:①⑤⑥

■柱状图和概数的问题

3 把右边5个地区的人口数改为概数，概数的位数取到百位，然后用柱状图表示概数。结果甲地区人口数在柱状图上是以13厘米6毫米表示。

（1）柱状图上每1毫米的长度代表多少人？

（2）丁地区的人口数可用几厘米几毫米表示？

5个地区的人口

地名	人口（人）
甲地	13569
乙地	16242
丙地	11704
丁地	19186
戊地	10927

◀ 提示 ▶

在这个题目里，1毫米代表100人。

● 解法

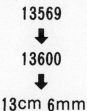

13569
↓
13600
↓
13cm 6mm

把甲地区人口数13569人四舍五入到百位。因为柱状图的长度是13厘米6毫米，所以毫米是百位数的单位。13600人是136毫米，1毫米的长度代表100人。

答：（1）100人 （2）19厘米2毫米

4 条形图上用1厘米代表10万人。乙市的人口用8.5厘米表示，丙市的人口用9.8厘米表示。乙市和丙市的人口各是几万人？写出其概数。

（单位：万人）

● 解法

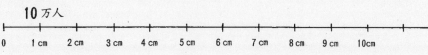

1厘米代表10万人的话，由数线可以立刻看出1万人可用多少长度表示。因为8.5厘米＝8厘米5毫米＝85毫米，所以8.5厘米是1毫米的85倍。1厘米代表10万人，所以1毫米代表1万人。条形图上用1毫米的85倍长来表示的人数也就是1万人的85倍，因此是85万人。

答：乙市约85万人，丙市约98万人

◀ 提示 ▶

1厘米➡10万人
1毫米➡1万人

🐟 加强练习

1 把百位数字四舍五入之后，得到的概数是 1568000。原来的数是多少到多少？

2 用条形图表示隧道的长度，如果用 1 厘米表示 1000 米，13490 米的隧道可用几厘米几毫米表示？如果用 1 厘米表示 2000 米，13490 米可用几厘米几毫米表示？

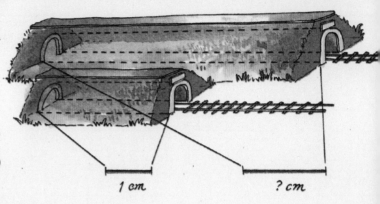

1 cm   ? cm

解答和说明

1 由题目得知四舍五入的位数是百位数。

四舍五入的位数 ↙
1568000

接着想想进位后成为 1568000，以及舍位后成为 1568000 的情形。

           8

进位➡ 1567500

          6. 7. 8. 9.

百位数在 500 以上可以获得进位，所以原来数目的千位数字是 7，也就是 1567500 以上便得以进位成 1568000。

舍去➡ 1568499

         3. 2. 1. 0.

舍去百位数也就是把 499 以下的数舍去。千位数是 8，所以 1568499 以下都得舍去成 1568000。所以，数字应介于 1567500 到 1568499 之间。　答：1567500 到 1568499

2 条形图若以 1 厘米代表 1000 米，1 毫米便代表 100 米。如果未满 1 毫米，无法用条形图画出。因此，隧道的长度若未满 100 米，就无法用条形图表示。所以，必须把隧道长度的十位数四舍五入来求得概数，概数的位数取到百位。

cm mm
   ↓5↙
   1 3 4 9 0

答：13 厘米 5 毫米

接下来的问题是求 13490 米为 2000 米的几倍。所以，13490÷2000 ＝ 6.745

答：6 厘米 7 毫米

0   5000   10000   13490

2000➡1 cm

3 ①

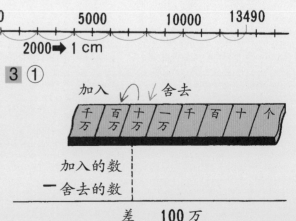

加入 ↰ ↓舍去

| 千万 | 百万 | 十万 | 一万 | 千 | 百 | 十 | 个 |

加入的数
－舍去的数
差   **100 万**

因为进位后的概数和舍位后的概数相

3 （1）在一个数的某个位数上做进位和舍位的计算，结果，用进位方式求得的概数和舍位方式求得的概数相差100万。想想看，做进位和舍位计算的位置是什么位数？

（2）在一个数的千位数上做舍位和四舍五入的计算，结果，用舍位方式求得的概数和四舍五入方式求得的概数相同。想

想看，这个数的千位数字是多少？把可能的答案全部写出来。

4 有分别写着0到9的10张数字卡，利用其中的5张做成5位数。如果把这个5位数的百位数四舍五入，就成为65000。这种5位数有许多个，现在请你求出其中第三大的数和第五小的数。

差100万，所以得知概数的位数是取到百万的位置。因此，做进位和舍位计算的位置是在百万下面的十万位数。

答：（1）十万位数（2）0、1、2、3、4

4 每种数字卡只有一张，所以每个数字只能使用一次。从百位数四舍五入成为65000的数是：

64 甲乙丙 　　甲是5、7、8、9其中的1个数。

65 甲乙丙 　　甲是4、3、2、1其中的1个数。

①其中最大的数是654乙丙。把剩余的数组成2位数，并由最大的数开始排列便是98、97、93……所以第三大的数是93，原来的数就是65493。

②最小的数是645乙丙。把剩余的数组成两位数，并由最小的数开始排列便是01、02、03、07、08，而第五小的数是08，原来的数就是64508。　　答：65493、64508

应用问题

1 下表表示的是包裹的重量和邮资。

重量	1 kg 以下	2kg 以下	3kg 以下	4kg 以下	5kg 以下	6kg 以下
邮资	40元	47元	54元	61元	68元	75元

（1）3千克80克的包裹邮资是多少？

（2）下面有4个包裹，每个包裹的重量不同，哪几个的邮资是68元？

① 4千克30克　② 4千克900克

③ 5千克　④ 5千克10克

2 有许多张卡片，卡片上的数都写到小数第一位，例如10.4。其中的某些数若在小数第一位做四舍五入，会变成20。这种数有好几个，其中最大和最小的数各是多少？

答：**1**（1）61元（2）①、②、③
　　2 最大的数→20.4
　　　　最小的数→19.5